生态城乡与绿色建筑研究丛书
湖北省学术著作出版专项资金资助项目
李保峰　主编
陈宏　副主编/刘小虎　执行主编

Study on High-efficiency BIPV Enclosure System for Public Buildings

公共建筑高效能光伏围护体系研究

刘晖 余愿　著

华中科技大学出版社
http://press.hust.edu.cn
中国·武汉

图书在版编目(CIP)数据

公共建筑高效能光伏围护体系研究 / 刘晖，余愿著. —武汉 ：华中科技大学出版社，2023.1

（生态城乡与绿色建筑研究丛书）

ISBN 978-7-5680-7857-3

Ⅰ. ①公… Ⅱ. ①刘… ②余… Ⅲ. ①公共建筑-太阳能建筑-围护结构-建筑设计-研究 Ⅳ. ①TU242

中国版本图书馆 CIP 数据核字(2021)第 274659 号

公共建筑高效能光伏围护体系研究 刘 晖 余 愿 著

Gonggong Jianzhu Gaoxiaoneng Guangfu Weihu Tixi Yanjiu

策划编辑：易彩萍
责任编辑：易彩萍
封面设计：王 娜
责任校对：阮 敏
责任监印：朱 玢
出版发行：华中科技大学出版社(中国·武汉) 电话：(027)81321913
武汉市东湖新技术开发区华工科技园 邮编：430223
录 排：华中科技大学惠友文印中心
印 刷：湖北金港彩印有限公司
开 本：710mm×1000mm 1/16
印 张：14
字 数：270 千字
版 次：2023 年 1 月第 1 版第 1 次印刷
定 价：198.00 元

作者简介 | About the Authors

刘晖

华中科技大学建筑与城市规划学院副教授，国家一级注册建筑师，中国建筑学会健康人居学术委员会主任委员，湖北省绿色建筑评价标识专家委员会专家。

余愿

华中科技大学建筑与城市规划学院 2018 届硕士研究生。

目　　录

第一章　BIPV 光伏技术规模化的应用

第一节　“双碳”目标下光伏技术的建筑应用

一、BIPV 光伏技术发展背景

众所周知，使用传统化石能源会带来大量的二氧化碳排放，造成大气污染，使得全球气温逐年上升，极端天气频繁出现，人类生存环境因此受到重大挑战。根据联合国环境规划署发布的《2021 年全球建筑建造业现状报告》可知，2020 年，建筑业的能源消耗量约占全球最终能源消费量的 36%，占与能源相关二氧化碳排放量的 37%。因此，人类迫切需要开发既能满足世界日益增长的能源需求又对环境友好的可再生能源。而太阳能作为清洁可再生能源的源头，取之不尽、用之不竭。随着 2020—2035 年全球化石燃料消耗峰值的到来，据预测，到 2100 年，全球 60% 以上的一次能源将由太阳能提供。

我国太阳能资源较为丰富，三分之二以上的地区年日照时数大于 2200 小时。从人类社会可持续发展的重要理念出发，我国政府一直提倡用太阳能逐步替代传统能源。其中光伏技术就是直接对太阳能加以利用的一种新型发电方式。随着社会进步，太阳能技术日趋成熟，光伏技术作为重要的可再生能源技术之一，在城市能源规划与建筑可再生能源（主要是太阳能建筑）应用中将发挥愈来愈大的作用。

2021 年，国家从战略层面提出了“碳中和”与“碳达峰”两个阶段碳减排的奋斗目标。建筑室内空气温湿度调节需要消耗大量的能源，大约占到建筑物总能耗的 70%，建筑行业的降碳责任重大。光伏建筑是指在建筑物表面或结构中嵌入太阳能电池板以利用太阳能的建筑；BIPV（building integrated photovoltaic，光伏建筑一体化）即将太阳能发电（光伏）产品集成到建筑上的技术，其不但具有保护结构外围的功能，同时又能产生电能供建筑使用。近零能耗建筑通常利用太阳能等可再生能源，将化石能源的消耗进一步降低，达到运行阶段零碳排放的目标，光伏建筑是今后近零能耗建筑发展的主要趋势之一。光伏发电的二氧化碳排放量只是化石能源的5%～10%，在降低碳排放方面拥有压倒性的优势，1 MW的光伏装机容量大约可减少900吨的碳排放量。BIPV作为绿色建筑中节能减排的重要方式，通过在建筑行业中的规模化应用，将助力国家产业结构转型和“双碳”目标的实现。

二、光伏建筑规模化应用的机遇和挑战

光伏建筑正广泛应用于住宅、商业空间和工业建筑等领域，成为建筑行业未来发展的重要趋势。目前国内BIPV仍然处于起步阶段，主要在新建建筑屋顶进行光伏应用。2020年，BIPV约占建筑光伏装机量的5.7%，预计到2025年，BIPV屋顶渗透率将达到24.21%（数据来源于住房和城乡建设部、国家能源局）。2020年之前，BIPV装机容量为0.2 GW；截至2022年，BIPV装机容量超过0.7 GW。

光伏建筑规模化应用需要解决的主要问题有如下几点。

1.技术可靠性

太阳能电池板需要具备较高的稳定性和耐用性，能够在多种环境条件下长期运行。同时，建筑设计和施工过程中需要考虑光伏组件与建筑结构的集成，以保证安全和稳定。

2.经济可行性

光伏建筑需要高成本的投资，需要考虑建筑物的使用寿命、节约能源成本和环保效益等多个因素，以确保经济性。

3.立法和政策支持

为了推动光伏建筑的发展，政府需要出台相应的政策和法规，鼓励和支持企业及个人在建筑中使用太阳能电池板。

4. 市场需求

需要从市场需求出发，为消费者提供实用、美观、高效的光伏建筑设计方案。

重点从经济可行性层面来看，尽管 BIPV 初始投资成本可能较高，但随着技术的不断发展和市场需求的增加，BIPV 整体系统寿命变长，光伏组件成本正逐年下降，BIPV 应用的经济收益率逐年提高。根据国际可再生能源署（International Renewable Energy Agency，IRENA）数据可知，2013—2020 年，国内光伏组件价格下降 66%，2020 年国内分布式光伏组件安装成本为每瓦 4.4 元，运营维护成本为每瓦 0.04～0.07 元。

从立法和政策支持层面来看，政府需要出台相关政策和法规，鼓励和支持光伏建筑的发展。国家和地方政府就薄膜太阳能电池的推广颁布了一系列法律法规，如 2010 年 4 月 1 日开始施行的《中华人民共和国可再生能源法》，将可再生能源列为科技发展与高技术产业发展的优先领域，并安排资金支持，鼓励单位或个人使用太阳能发电；2011 年 10 月出台的《"十二五"太阳能光伏产业发展规划（征求意见稿）》，提出了薄膜电池的发展规划；2011 年 1 月，东莞市通过了《东莞薄膜太阳能光伏产业基地发展规划》，东莞将建设薄膜太阳能光伏产业基地；2012 年 1 月 4 日，工业和信息化部发布的《新材料产业"十二五"发展规划》，提出大力发展薄膜光伏电池；2012 年 2 月，广东省工业和信息化厅印发了《广东省经济和信息化委加快发展高技术服务业的实施方案》，重点推进薄膜光伏电池研发服务等。在建筑节能技术的推广和补贴政策的共同作用下，光伏构件在建筑应用中拥有了巨大的发展空间。近年来，从国家到地方都加大了对 BIPV 发展的政策支持力度，尤其在 2020 年之后，政府密集出台了近两百项明确支持的政策（表 1-1）。

表 1-1 2020 年后关于建筑太阳能应用的重要政策

序号	文件名称	与光伏技术应用相关的主要内容	发布时间	发文部门
1	《"十四五"能源领域科技创新规划》	开展高效光伏电池与建筑材料结合研究，研发高防火性能、高结构强度、模块化、轻量化的光伏电池组件，实现光伏建筑一体化规模化应用	2022 年 4 月	能源局、科技部

续表

序号	文件名称	与光伏技术应用相关的主要内容	发布时间	发文部门
2	《"十四五"建筑节能与绿色建筑发展规划》	到2025年，完成既有建筑节能改造面积3.5亿平方米以上，建设超低能耗、近零能耗建筑0.5亿平方米以上，装配式建筑占当年城镇新建建筑比例达到30%，全国新增建筑太阳能光伏装机容量0.5亿千瓦以上，地热能建筑应用面积1亿平方米以上，城镇建筑可再生能源替代率达到8%，建筑能耗中电力消费比例超过55%	2022年3月	住房和城乡建设部
3	《"十四五"住房和城乡建设科技发展规划》	开展高效智能光伏建筑一体化利用、"光储直柔"新型建筑电力系统建设、建筑—城市—电网能源交互技术研究与应用，发展城市风电、地热、低品位余热等清洁能源建筑高效利用技术	2022年3月	住房和城乡建设部
4	《"十四五"节能减排综合工作方案》	全面提高建筑节能标准，加快发展超低能耗建筑，积极推进既有建筑节能改造、建筑光伏一体化建设	2022年1月	国务院
5	《2030年前碳达峰行动方案》	全面推进风电、太阳能发电大规模开发和高质量发展……加快智能光伏产业创新升级和特色应用，创新"光伏＋"模式，推广光伏发电多元布局。首次提出"光伏＋"和"光储直柔"概念	2021年10月	国务院
6	《关于推动城乡建设绿色发展的意见》	建设高品质绿色建筑。实施建筑领域碳达峰、碳中和行动。鼓励智能光伏与绿色建筑融合创新发展	2021年10月	中共中央办公厅、国务院办公厅

续表

序号	文件名称	与光伏技术应用相关的主要内容	发布时间	发文部门
7	《“十四五”全国清洁生产推行方案》	持续提高新建建筑节能标准，加快推进超低能耗、近零能耗、低碳建筑规模化发展，推进城镇既有建筑和市政基础设施节能改造。推广可再生能源建筑，推动建筑用能电气化和低碳化	2021 年 10 月	国家发展改革委
8	《住房和城乡建设部等 15 部门关于加强县城绿色低碳建设的意见》	通过提升新建厂房、公共建筑等屋顶光伏比例和实施光伏建筑一体化开发等方式，降低传统化石能源在建筑用能中的比例	2021 年 5 月	住房和城乡建设部等 15 部门
9	《住房和城乡建设部等部门关于加快新型建筑工业化发展的若干意见》	推动智能光伏应用示范，促进与建筑相结合的光伏发电系统应用	2020 年 8 月	住房和城乡建设部、教育部、工信部等部门

2022 年 10 月，国家能源局发布关于政协第十三届全国委员会第五次会议第 01691 号(经济发展类 110 号)提案答复函，提出将户用光伏纳入碳排放权交易市场，利于进一步加快和完善可再生能源标准体系的建立。此举意味着未来分布式光伏 BIPV 碳资产聚合可以有效形成规模效应，具有可观的碳交易收益，代表了建筑碳中和的未来。在市场方面，建筑业和能源业需要积极合作，推广光伏建筑技术，提高市场需求和认知度。在政策与市场的催化下，BIPV 作为建筑行业中的细分赛道，着力于建筑和材料与光伏行业的融合，通过光伏板与建筑外围护体系的有机结合，将光伏发电系统与建筑设计整合施工安装，使传统建筑转变为可发电的节能建筑，推动建筑从耗能向节能、产能转变，为建筑行业中的规模化应用带来历史性机遇。

光伏建筑规模化应用是一个长期的过程，需要政府、企业和社会各界共同努力，才能实现可持续发展的目标。

BIPV将光伏组件和建筑材料结合，是一种新型的建筑设计理念。简单来说，通过在建筑物的外墙、屋顶、窗户等外围护表面安装太阳能电池板，将太阳能电池板与建筑物结构紧密结合在一起，用以满足建筑遮阳、隔热等功能需求。与传统太阳能电池板不同，BIPV与建筑物的外观和设计相协调，在提供美观的建筑外观和清洁能源的无缝解决方案的同时，还提高了建筑物的能源效率，减少能源消耗，从而减少温室气体排放，有助于环保和可持续发展。

光伏组件和建筑材料的结合方式很多，如将光伏电池板集成在屋顶(瓦片)、墙体板材、窗户、玻璃幕墙等部位，形成一种新的建筑材料——建筑光伏组件，如光伏屋顶、光伏幕墙、光伏玻璃等，使建筑物成为一个“太阳能发电厂”。此外，还可以设计出不同的形状、颜色和透明度的光伏组件，以满足不同类型建筑的外观和功能需求。

光伏组件与建筑材料集成的优势明显。首先，其性能环保节能，利用太阳能来发电，减少了对传统能源的依赖，降低能源成本；其次，可提高建筑的耐久性，光伏组件作为建筑外围护结构材料，寿命长且维护方便，设计合理，可增强建筑物的结构强度和防水性能；最后，还能提升美观性，光伏组件具有不同的形状、颜色和透明度，能增加建筑外观的美观度并增强装饰效果。

光伏组件需要与建筑材料紧密结合，因此BIPV需要考虑多种因素，例如材料的重量、安装方式、防水性能和耐久性等。此外，BIPV还需要考虑建筑能源需求和气候条件等因素，以确保光伏系统的效率和可靠性。光伏组件与建筑材料集成的挑战在于，如何在保持光伏电池板高效发电的同时，既能保证建筑材料的强度、耐久性、透明度等基本性能，又能达到控制舒适的建筑室内物理环境的目的。因此，需要对建筑材料的选择、光伏组件的设计和制造等方面进行深入研究，以实现最佳的性能和效益。在光伏建筑规模化应用方面，建筑师需要在设计和规划阶段就考虑到光伏组件的安装和布局。根据太阳能辐射情况、建筑朝向和建筑外观等因素，选择合适的太阳能电池板和安装方式；并进行技术研发和创新，以提高光伏组件的效率和可靠性，同时减少安装和维护的成本。如在彩钢光伏屋顶中，由于彩钢屋顶具有10～15 年的使用寿命，使用过程中需要进行 1 次或 2 次屋顶瓦板更换、光伏系统组件拆装等，整体成本加大，但如今，屋顶光伏配套的彩钢屋顶瓦板可以与光伏组件同寿命，达到 30 年以上。

总而言之，面对挑战，BIPV 需要建立完整的产业链和人才培养体系，包括太阳能电池板的生产、安装和维护等，以确保 BIPV 健康发展。

第二节　BIPV 设计方法

一、BIPV 应用形式与组成

（一）BIPV 应用形式

根据与建筑结合的方式不同，BIPV 可分为两大类：一类是光伏组件与建筑的结合，如将光伏板独立安装在建筑屋顶或者阳台、露台上等；另一类是光伏方阵与建筑外围护体系集成，如光伏瓦屋顶、光伏采光屋顶、光伏幕墙、光伏组件采光窗、光伏组件遮阳板、光伏组件阳台栏板，以及光伏组件与 LED 组合或集成的天幕、幕墙等。尽管光伏组件与建筑有很多结合形式，但从大类上来说，大致分为建筑立面应用、建筑屋顶应用、建筑附属物应用三种类型 ，此外，光伏组件还可以用于室外设施（表1-2）。

表 1-2　BIPV 常见应用形式

安装位置	应用形式	适用范围
立面	 光伏幕墙 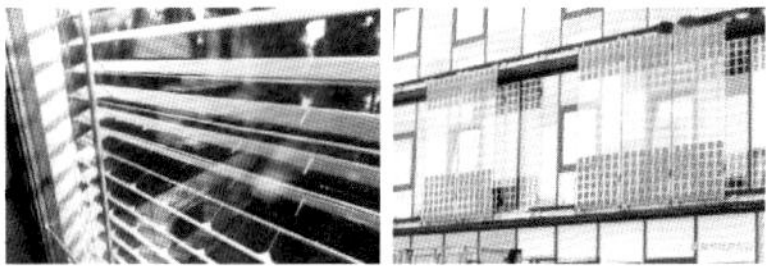 光伏窗户（百叶窗及推拉窗）	公共建筑为主

续表

安装位置	应用形式	适用范围
屋顶	 光伏采光屋顶  光伏瓦屋顶	公共建筑与居住建筑
附属物	 光伏雨篷  光伏阳台  光伏遮阳	公共建筑与居住建筑
室外设施	 光伏景观  光伏车棚  光伏休闲亭  光伏景观小品	景观绿地与公共活动场地

光伏建筑外立面是目前光伏的主要应用领域之一。光伏建筑外立面不仅可以为建筑提供电力，还可以起到隔热、保温和美化建筑外观的作用。大型光伏建筑不仅可以提供电力，还可以成为城市的地标建筑。如在城市写字楼及公共建筑中应用光伏幕墙，其不仅可以通过智能化控制系统对电能的生成、存储和使用进行精细化管理，实现对能源的高效利用，同时还可以根据建筑形状、大小、方向和采光需求进行定制设计，实现更加灵活的应用，将建筑的外墙面积最大化地利用，提高建筑的空间利用率，并增加更多艺术性。光伏建筑窗户通过将太阳能电池板嵌入窗户中，既为建筑提供电力，同时还可以起到调节室内温度和光线的作用。

瑞士诺华展馆（图 1-1）由 12000 多个太阳能电池模块叠合而成，10 种不同尺寸的菱形和三角形模块安装在环形展馆外围护结构的铝合金框架上，

图 1-1　瑞士诺华展馆

（图片来源：https://www.asca.com/projects/）

与透明蓝色空白区域 LED 灯形成一种可持续网状媒体幕墙。幕墙面积约 1300 m^2，其上模块产生的能量为 LED 灯供电，提供了一个自供电的外围护结构体系，并呈现媒体艺术内容。展馆凸显了 BIPV 外围护结构巨大的设计潜力：BIPV 建筑表皮可具备不同程度透明度、不同形状（弯曲）。展馆创建了近零能耗独特的 BIPV 媒体建筑表皮，荣获 2021 年媒体建筑双年展奖。

光伏建筑屋顶是另一个主要应用领域。通过在建筑屋顶安装太阳能电池板，可以为建筑提供电力，同时还可以起到隔热、保温和减少雨水流失等作用。屋顶光伏技术已经在许多国家和地区的住宅和商业建筑中得到了广泛应用。

(二)BIPV 外围护体系组成

1. 光伏组件

BIPV 外围护体系的核心部分就是光伏组件。这些组件通常采用高效率的硅太阳能电池制成,可以将阳光转换为电能。BIPV 主要采用晶硅光伏组件和薄膜光伏组件。晶硅光伏组件是目前光伏市场的主流产品,转化效率可达 16%~22%,单位装机功率高,同样装机面积下发电量优于薄膜组件,但由于工艺原因,其色彩一致性较差。薄膜太阳能电池色彩丰富、整体感强,可满足各种建筑外观需求,但其较低的转化效率和高于晶硅太阳能电池的价格,对大规模推广应用造成极大制约。

2. 支架系统

支架系统是安装光伏组件的重要组成部分。它们通常由铝合金、不锈钢等材料制成,能够提供足够的支撑力和稳定性,确保光伏组件在不同的气候条件下运行良好。

3. 电气系统

电气系统由逆变器、导线与连接器组成。逆变器是将直流电转换为交流电的关键元件,能够将光伏组件产生的电能转化为可供家庭或商业使用的电能。导线和连接器用于将光伏组件之间以及其与逆变器之间的电流连接起来。这些元件需要具备较高的耐久性和防腐蚀性,以确保整个系统长期稳定运行。

4. 外围护体系功能构造层

BIPV 不仅仅是为了发电,还需要结合不同材料,具备遮阳、隔热、保温等复合功能,以实现更好的节能效果。

5. 智能控制系统

智能控制系统能够对 BIPV 外围护体系进行监测和控制,以确保其高效运行。智能控制系统通常包括数据采集、远程监控、故障诊断等功能。

(三)BIPV 电气系统分类

1. 交流式

BIPV 系统发的电若想并入电网,需要提前去电网申请,并上报并网方案，再根据系统配置综合选择逆变器、配电箱（柜）等电气设备。

2. 直流式

随着建筑用能结构调整，可提高建筑用能效率的直流微网系统越来越常见，特别是光储直柔技术。光储直柔技术指将光伏发电、分布式储能、直流电建筑及柔性控制系统四种技术结合，相互叠加、整合利用，实现建筑节能低碳运转。

二、BIPV 外围护体系设计要素

BIPV 外围护体系设计要素包括光伏电池板、支撑结构、电气系统、绝缘、防水、防火等建筑外围护体系功能作用，同时还涉及可维护性等实际操作因素（图 1-2）。

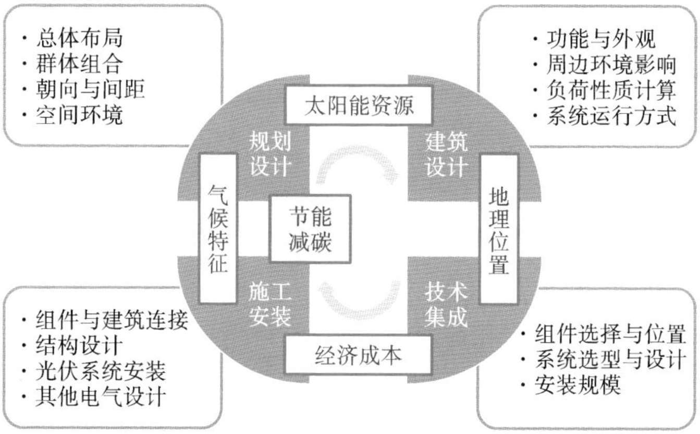

图 1-2　BIPV 设计要素

（一）选型设计

根据建筑物的用途、建筑形态、气候条件、太阳辐射情况、安全要求等条件，选择合适的太阳能电池板和固定支架，并确定 BIPV 外围护体系的整体设计方案。选择高效、稳定的光伏电池板是 BIPV 外围护体系设计的关键，光伏电池板的材料、尺寸、电气参数等需要满足建筑外围护体系的需求。

(二)支撑结构

要对 BIPV 外围护体系的承重结构和支撑结构进行详细的结构设计和计算,满足抗风、抗震、承重等安全性能要求,并且同时考虑施工、维护等实际操作因素。

(三)电气性能

BIPV 外围护体系电气系统包括直流汇流箱、逆变器、配电箱等组成部分,根据建筑外围护体系设计参数进行选择和配置,将电能输送到建筑内部进行使用。

(四)气候适应性

BIPV 外围护体系需要具备防水、防雷电、防火等功能,确保 BIPV 外围护体系在不同天气条件下都能够长期稳定运行。

(五)可维护性

BIPV 外围护体系需要考虑可维护性,包括光伏电池板的清洁、检修和更换等操作,以确保维护保养的便利性和维护成本的控制。

通过选型设计、结构设计、安全设计、电气设计和维护保养设计等方面的内容,确保 BIPV 外围护体系的安全可靠性和使用效益。

要想实现真正的 BIPV 设计,光伏设计必须从建筑规划阶段就开始介入。BIPV 设计中存在多方面的制约因素,需要在规划阶段就予以统筹考虑。建筑的地理位置、场地条件和自身设计会对 BIPV 发电效率产生影响,而 BIPV 则需要保证建筑基本使用功能,包括安全性能、对室内环境质量的影响及观赏性等。建筑设计是一个多专业协同工作的过程,光伏系统设计只有与各专业都建立紧密联系,才能保证设计的完整性和可靠性。如果光伏设计独立或滞后于建筑设计,势必会带来方案的反复调整,延误工程进度,增加额外成本。

第二章　BIPV 综合能效的研究基础

第一节　基于 Citespace 的 BIPV 知识图谱分析

一、数据来源与分析方法

知识图谱分析能够直观地挖掘并展示特定领域研究知识之间的联系和规律。Citespace 是实现文献计量分析的有效工具，它以共现分析为核心，能可视化地呈现科学知识的结构和学术合作网络特征。以中国知网（China National Knowledge Infrastructure，CNKI）作为数据库来源，以“BIPV”“PV”“光伏建筑一体化”“太阳能光伏系统”“综合效能”“太阳能潜力”“外围护结构体系”等作为主题词分别进行期刊文献和学位论文检索，检索时间和范围不限。通过高级检索方式，运用如图 2-1 所示的表达式分别进行检索。

PV+BIPV+太阳能光伏+光伏建筑一体化
（PV+太阳能光伏）* 太阳能潜力
（PV+太阳能光伏）* 综合效能
（PV+太阳能光伏）* 外围护结构体系
（PV+太阳能光伏）* 效率评估
（PV+太阳能光伏）* 优化
（BIPV+光伏建筑一体化）* 太阳能潜力
（BIPV+光伏建筑一体化）* 综合效能
（BIPV+光伏建筑一体化）* 外围护结构体系
（BIPV+光伏建筑一体化）* 效率评估
（BIPV+光伏建筑一体化）* 优化

图 2-1　检索所用表达式

对以上检索结果进行组配，共检索到 4726 篇文章，手动剔除“会议”“报纸”“年鉴”“报道声明”等内容，将检索结果限定在“建筑科学与工程”“新能源”“环境科学与资源利用”“动力工程”等相关学科上，得到核心期刊及建筑相关期刊文章 253 篇，学位论文 200 篇，共计 453 篇有效文章，作为本研究的基础数据。以此文献数量为基础，论述和预测 BIPV 的规律与现象。

借助 Citespace 工具对发文数量、发文期刊、合作网络、关键词共现及研究演化等开展可视化分析。

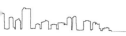

二、发文数量、发文期刊及合作网络分析

(一)发文数量分析

逐年发文数量分析结果显示,首篇有关“BIPV”的文献出现在1999年,由杨洪兴、季杰两位学者发表在《太阳能学报》上。在随后20多年的发展过程中,呈现出两个主要特点:一是2008年前的发文数量增长缓慢并一直处在较低水平;二是2008—2010年发文数量快速增长,2010年达到峰值,年发文量达166篇,2010年后有小幅度波动,总体呈下降趋势(图2-2)。主要是因为2008—2010年我国相继承担北京奥运会、上海世界博览会等大型国际盛会,尤其在上海世界博览会期间,以“低碳世博”为特色的各个国家场馆设计都融入了较为先进的新能源技术,对于太阳能光伏系统的研究也呈现出相当高的热度。

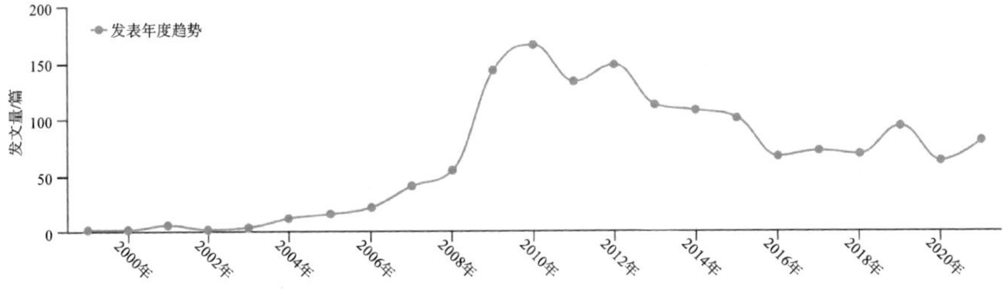

图2-2　研究发文量趋势图(1999—2021年)

(图片来源:CNKI)

(二)发文期刊与合作网络分析

发文量位居前列的期刊如图2-3所示,包括《建筑学报》《建筑技术》《建筑科学》《新型建筑材料》《工业建筑》等建筑类期刊,以及《太阳能学报》《可再生能源》等能源类期刊,同时还包括高校学报和空调暖通类的一些期刊,如《中国电机工程学报》《暖通空调》《郑州大学学报(工学版)》等。

根据发文作者合作网络和研究机构网络,可以分析对“光伏建筑一体化”等相关领域进行研究的学者和机构,并能看出学者之间以及机构之间的

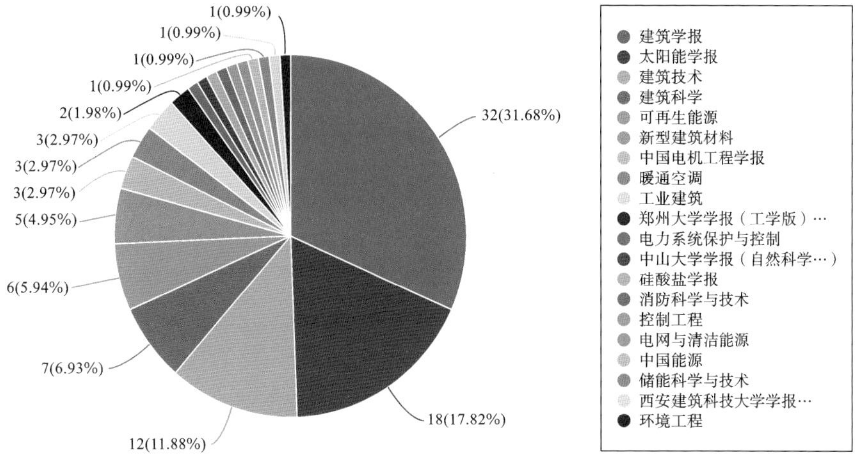

图 2-3　发文量位居前列的相关文献来源统计

（图片来源：CNKI）

合作强度。利用 Citespace 工具的“author”和“institution”节点进行分析，得出相关图谱（图 2-4）。

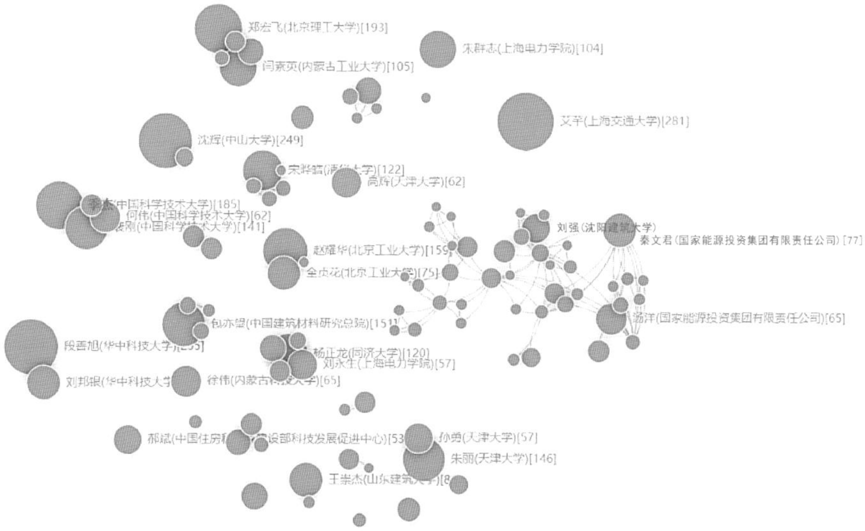

图 2-4　作者合作网络

（图片来源：CNKI）

图谱中节点较大、连接较密集的作者和机构具有更强的研究能力和更紧密的联系。图谱中共有 404 个节点，310 条连线，网络密度为 0.0038，说明作者之间的合作强度较低，各个学者之间尚未形成明显的合作关系。从图 2-4 可以看出，主要有以季杰、何伟为核心的中国科学技术大学团队，以秦文军、汤洋为核心的国家能源投资集团有限责任公司团队，刘强等为核心的沈阳建筑大学团队，杨正龙为核心的同济大学团队等，作者合作网络呈现“机构内部集中、机构之间分散”的特点。

从图 2-5 的研究作者分布时序图中可以看出，香港理工大学杨洪兴和中国科学技术大学季杰是较早进行光伏建筑一体化研究的两位学者，在 1998 年发表的《BIPV 对建筑墙体得热影响的研究》中，两位学者建立了光伏墙体一体化（PV-WALL）结构中的传热模型，重点模拟 PV-WALL 的得热量，并与无光伏（PV）阵列普通墙体得热做比较，研究表明，PV-WALL 不仅利用墙体发电，且可大大降低夏季墙体得热，从而降低空调冷负荷；华中科技大学袁旭东详细介绍了太阳能光伏建筑一体化的优越性和系统结构，同时也对其发展趋势做了分析；中国科学技术大学何伟等人自 2003 年以来，在太阳能

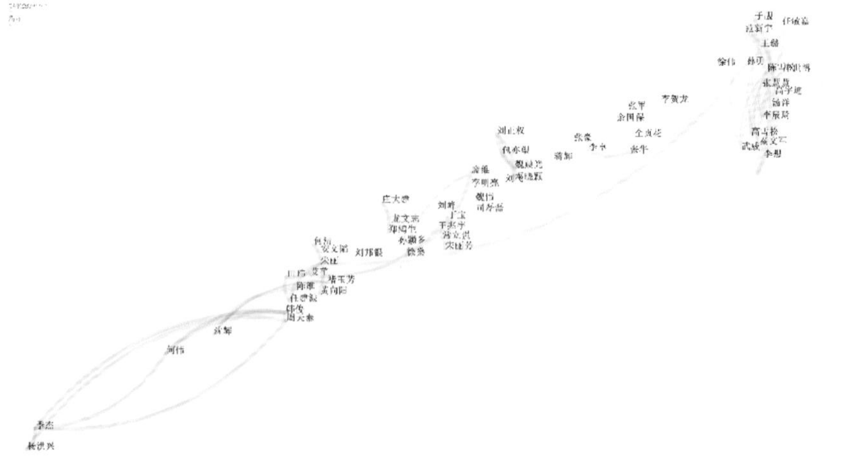

图 2-5　研究作者分布时序图

光伏光热一体化对建筑节能影响方面进行了理论研究；华中科技大学徐燊、廖维、赵鸣、林策等人对光伏建筑一体化发展前景、太阳能景观设计、光伏建筑整体造型、外围护结构体系以及太阳能潜力等方面展开了系列研究；近年来，沈阳建筑大学武威、李辰琦、董玉宽等人对铜铟镓硒（CIGS）光伏建筑一体化、CIGS 薄膜等领域展开了相关的研究，并取得了丰硕的成果。但是各个学者之间的时间连续性不够鲜明。

研究机构则以高校为主（图 2-6），从研究机构发文数量上来看（见图 2-7），沈阳建筑大学发文数量（17 篇）位于榜首，在相关研究中的领先优势比较明显。其他发文数量排名靠前机构包括国家能源投资集团有限公司（13 篇）、华中科技大学（8 篇）、天津大学（7 篇）等。其中沈阳建筑大学突现值最高，为近年来的热点研究机构。

图 2-6 研究机构网络

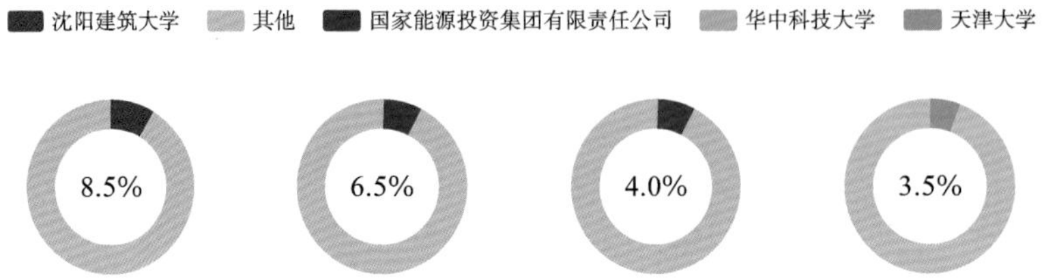

图 2-7 研究机构发文量

(图片来源:CNKI)

(三)BIPV 的研究热点与演进

1. 关键词聚类

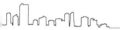

运用词频分析法在文献信息中提取能够表达文献核心内容的关键词或主题词频次的高低分布,来研究 BIPV 领域的发展动向和研究热点。

关键词代表研究的热点,文献中的关键词是文章核心内容的提取和提炼,是建立词频分析的重要步骤。提取共现频次排名前 20 位的关键词,如表 2-1 所示,分别为"光伏建筑一体化""太阳能""光伏发电""BIPV""建筑节能"等。中介中心性大于 0.1,说明形成较为集中的研究领域。中介中心性显著的关键词有"光伏建筑一体化""太阳能 ""光伏发电""BIPV ""建筑节能""光伏组件""光伏系统""光伏建筑",说明学者对此领域的关注度较高。

表 2-1 高频关键词排序

序号	共现频次	中介中心性	初始年份	关键词
1	161	0.49	2004 年	光伏建筑一体化
2	68	0.31	2000 年	太阳能
3	28	0.24	2007 年	光伏发电
4	35	0.23	1999 年	BIPV
5	21	0.21	2003 年	建筑节能
6	19	0.14	2004 年	光伏组件

续表

序号	共现频次	中介中心性	初始年份	关键词
7	19	0.12	2005 年	光伏系统
8	31	0.11	2009 年	光伏建筑
9	7	0.07	2009 年	最大功率点跟踪
10	7	0.07	2007 年	太阳能光伏建筑
11	21	0.06	2007 年	光伏幕墙
12	4	0.05	2012 年	优化
13	11	0.05	2005 年	一体化
14	9	0.05	2015 年	建筑信息建模（building information modeling,BIM）
15	6	0.04	2006 年	光伏光热
16	11	0.03	2011 年	绿色建筑
17	5	0.03	2010 年	可再生能源
18	6	0.03	2009 年	发电量
19	6	0.03	2007 年	发电效率
20	7	0.03	2006 年	光伏屋顶

以中心性等相关度抽取关键词，绘制文献聚类图谱（图 2-8）。根据关键词共现频次生成 10 个标签类，分别为“#0 铜铟镓硒光伏建筑一体化”“#1 光伏组件”“#2 绿色建筑”“#3 光伏发电”“#4 光伏光热”“#5BIVP”“#6 中国馆”“#7 光伏建筑”“#8 光伏屋顶”“#9 光伏板”。从图 2-8 中可以看出，各个聚类之间的重叠性高，聚类之间以“光伏建筑一体化”为纽带，彼此之间有很强的关联性和延伸性。模块值（M）和轮廓值（S）是关键词聚类结果中聚类结果评价的两个重要指标，$M>0.3$ 且 $S>0.5$ 时聚类成功且合理。由图 2-8 可知，关键词图谱中 $M=0.7118$，$S=0.9131$ 有很好的聚类效果。结果显示共有 318 个节点，504 条连线，网络密度值为 0.01，说明各标签类的关联性强，但研究分支多，研究方向较为分散。

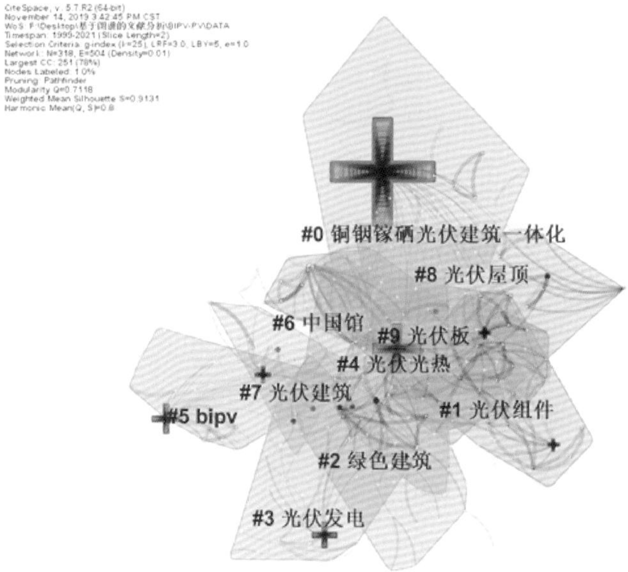

图 2-8　关键词图谱

2. 突现词分析

通过对 1999—2021 年文献频次变化率高的关键词进行排序(图 2-9)，得到 BIPV 研究热点的发展趋势。2003 年，建筑节能成为研究热点；在 2009 年之后，光伏 LED、光伏屋顶、太阳能发电等成为研究热潮；从 2015 年开始，光伏建筑 BIM 技术的应用成为研究热点；在 2019 年，第三代太阳能电池铜铟镓硒的研究成为热点。可以看出，太阳能 BIPV 相关应用领域不断完善，尤其是近年来，光伏薄膜材料及其产品与围护体系结构的一体化运用发展迅速。

(四)BIPV 的研究演进分析

关键词时区图能够很好地反映研究热点在时间维度上的变化，从研究主题分布时序图(图 2-10)和分布时线图(图 2-11)明显可见，对于太阳能光伏建筑的研究呈现出良好的延续性，且相关研究热点在 2005 年之后愈加丰

关键词	实力	开始/年	结束/年	1999—2021年
建筑节能	3.23	2003	2005	
光伏LED	5.48	2009	2009	
光伏屋顶	4.9	2009	2009	
光伏幕墙	3.51	2009	2009	
太阳能发电	3.4	2009	2011	
太阳能电池	3.47	2010	2012	
光伏电池	3.44	2011	2013	
BIM	3.89	2015	2019	
数值模拟	3.74	2015	2015	
电气	3.68	2016	2016	
光伏建筑	3.35	2016	2016	
发电量	4.25	2018	2018	
节能	3.22	2018	2018	
铜铟镓硒	4.46	2019	2019	

图 2-9　关键词突现图

富。通过关键词图谱和时区图可将研究主题的发展大致分为以下三个阶段。

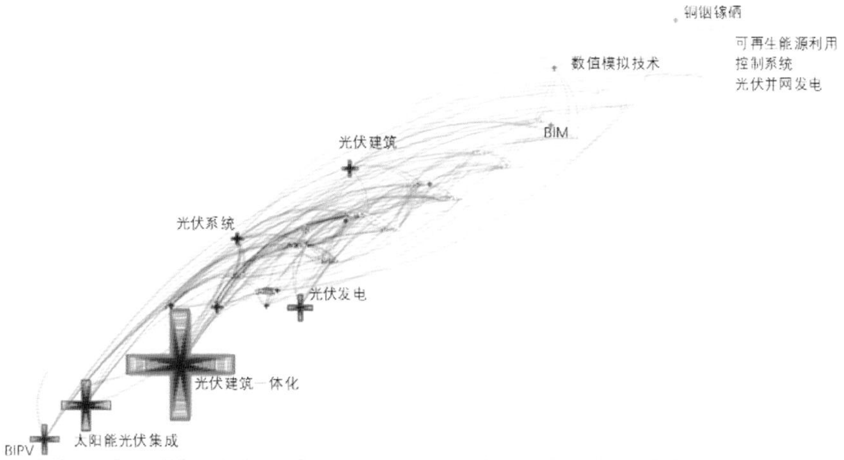

图 2-10　研究主题分布时序图

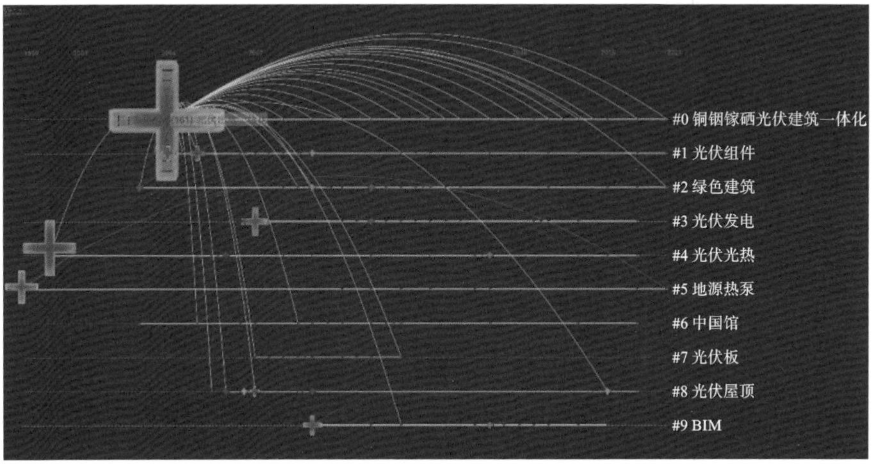

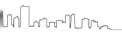

图 2-11 研究主题分布时线图

1. 阶段一：初步发展阶段

太阳能光伏建筑一体化的概念最早是由国际能源组织在 1986 年提出的。我国对于光伏建筑一体化的研究起步较晚，20 世纪末由季杰等人较早开展了对光伏墙体一体化的实验研究。2005 年底，在国务院发布的《国家中长期科学和技术发展规划纲要(2006—2020 年)》中，太阳能光伏建筑一体化技术被明确列为能源领域优先主题——可再生能源低成本规模化开发利用重点研究目标。2006 年开始施行的《中华人民共和国可再生能源法》颁布后，各类相关研究也相继展开。何伟对光伏光热建筑一体化(BIPV/T)的两种主要模式建立了理论模型，采用香港地区典型年的气象数据对两种 BIPV/T 模式的热性能进行了计算分析。与常规建筑相比，光伏光热建筑减少了墙体得热，改善了室内空调负荷状况，提高了建筑节能效果。任建波介绍了光伏建筑一体化国内外发展动态，论述了这种技术对建筑能耗和城市微气候的相互影响，指出了为促进光伏建筑一体化在城市全面推广，应当深入研究的方向。2007 年底，我国太阳能电池产量达到了 1088 MW，成为全球第一大太阳能电池生产国。

2. 阶段二：快速发展阶段

2009 年，我国相继出台了《关于加快推进太阳能光电建筑应用的实施意见》《太阳能光电建筑应用财政补助资金管理暂行办法》《关于印发太阳能光电建筑应用示范项目申报指南的通知》等相关政策。在各种激励政策的影响下，加之 2010 年上海世界博览会的召开，光伏建筑迎来了快速发展阶段。其间各个机构的学者都对太阳能光伏技术进行了研究，徐桑等人从光伏材料的特性出发，提出光伏构件集成到建筑形体的多种设计方式，涉及整体造型和细部设计两个层面。裴刚等人在香港地区建立了光伏窗综合性能实验台，对单层光伏窗、双层光伏窗、通风双层光伏窗等三种结构的光伏窗性能进行了对比实验，研究了三种光伏窗结构对建筑得热、建筑采光和光电转换的不同影响。陈维等人通过倾斜面上太阳辐照量计算模型和太阳电池组件电学模型，对广州地区并网进发电系统中的光伏建筑一体化进行研究，并对光伏阵列朝向和倾角对并网发电系统性能的影响进行了分析和研究。赵志青对夏热冬冷地区建筑外立面光伏系统一体化设计进行了研究。

3. 阶段三：多元技术发展阶段

2019 年，中国 BIPV 联盟（China BIPV Association，CBA）成立，标志着我国 BIPV 技术产业进一步成熟。研究聚焦于对 BIPV 技术的应用和革新，如对光伏组件、光伏屋顶、CIGS 太阳能板等方面的研究。沈阳建筑大学董玉宽等人基于成熟的 BIM 体系，对 CIGS 光伏族库在 BIPV 设计的应用进行了研究。湖南大学王蒙对半透明非晶硅光伏窗性能进行了研究。天津大学李卓等人对透光 BIPV 表皮进行了研究。此外还有一部分学者对光伏发电控制系统与实验平台进行了优化研究。

综上所述，通过对 BIPV 相关研究热点的可视化知识图谱分析发现：①研究增长程度与政策有着较大联系，在国家政策激励下，研究在 2004—2010 年呈现出快速增长的趋势，近些年来研究趋势趋于平缓，但研究主题逐渐多样化；②作者合作网络和研究机构网络的紧密和复合程度不高，各学者之间没有形成很好的延续性，需要进一步加强联系；③当前研究趋于集中在对光伏控制系统的开发、太阳能电池优化以及薄膜光伏组件的一体化上，对于 BIPV 的综合效能研究呈现碎片化状态，还未有整合；④随着 BIM 技术的成熟与推广，光伏 BIM 族库在 BIPV 中的设计应用必然会成为未来的研究热点。

第二节　BIPV 综合效能的影响因素

国际能源署(International Energy Agency,IEA)提出,BIPV 是未来光伏应用和推广的主要方向。而薄膜光伏玻璃作为一种新型建筑材料,在与建筑的集成应用上具有极大潜力。从能源利用角度看,薄膜光伏玻璃不仅具有传统材料的围护性能,还能将太阳能转化为电能,并网后可以缓解高峰期用电紧张问题;从建筑技术应用角度看,当薄膜光伏玻璃应用在建筑不同部位时,可以充分利用建筑表面的太阳辐射,为高密度城市建筑群利用太阳能提供很好的整合手段,拓展光伏建筑的应用形式;从城市界面的整体性角度看,薄膜光伏玻璃电池片可通过激光加工成点状、线状等形状,实现不同的透光率特性,且透光性能均匀,外观整体性好,相比于传统晶体硅光伏玻璃通过调整电池片间距来实现透光性能的方式,更具有美学优势;从建筑美学的角度出发,薄膜光伏组件可以调整自身的颜色,根据建筑的需要进行设计,起到美化室内外环境的作用,更易与建筑物融为一体;从施工便利性的角度分析,薄膜光伏电池可采用柔性基底,在具有不规则表面的异形光伏建筑上更容易实现设计和安装。

一、BIPV 外围护体系性能工具和方法

所有 BIPV 系统产业链上的参与方,包括投资方、建筑师、产品开发企业及施工单位等,由于各自的价值取向和目标不同,需要不同类型和功能的方法和工具,对用于设计分析、故障排除、供应链和规划过程的软件工具需求也快速增长。例如,开发人员主要关注光伏项目的生命周期效益最大化,而用户和投资方则更加关注直接成本、项目效益和替代设计中的投资回报时间。建筑师为优化 BIPV 外围护体系性能,需要通过分析外部物理环境、建筑特征和能源使用,使用数字技术和工具优化设计。施工承包商和设备安装公司则希望了解安装、操作和维护对他们日常实践的影响。

(一)BIPV 外围护体系设计与性能分析工具

在 BIPV 项目的策划及实施过程中,专门为 BIPV 外围护体系性能分析

和设计的工具及 PV 模拟工具都具有不同特性和功能，也包括不同的发展潜力和局限性。通过对文献及案例应用进行整理和分析后可以归纳得出，目前在线上基于电脑端或作为智能手机和平板电脑应用程序使用的工具形式多样(表 2-2)，可用于 BIPV 设计，包括用于计算太阳辐照度、遮阳损失、能量输出、财务和经济效益，同时可对 BIPV 外围护体系系统设计进行 3D 建模。

表 2-2　BIPV 常用工具软件

使用光伏设计和管理软件统计	
软件功能	软件
用于技术可行性和财务可行性的评估	RETScreen Homer Pro Sunnulator
电力分级成本计算	SAM
光伏系统设计和性能分析	Polysum PV Sol
太阳辐射计算	Polysum PV-GIS
阴影损失分析	SAM Skelion Ladybug
光伏能量产出分析	PVsyst PVwatts Autodesk Revit PV-GIS
电池阵列布局优化	PVsyst
优化混合可再生技术	Homer Pro
3D 建模	Skelion Rhinocerous3D -Grasshopper

通过广泛的文献调查，包括对软件开发人员提供的可用官方资源(网站、手册、白皮书、教程等)进行全球搜索，在收集数据中发现了许多软件和

工具，筛选后得出常用的 22 个软件、5 个插件、9 个在线工具和 4 个应用程序如下。

(1)22 个主要的独立光伏软件包：System Advisor Model (SAM)、RETScreen、Expert Homer Pro、PV * SOL® Expert、PV Scout、Solar F-Chart、PVsyst、Helios、3D Solar Parkplanung、Polysun、INSEL、Aurora、ArcGIS、Solar Pro、BIM solar、Solar PV、Helioscope、PV-Design Pro、PVComplete、Solar Pro、SolerGo、BlueSol。

(2)5 个 CADD(计算机辅助设计和绘图)/BIM 插件：Solarius PV、Skellion(Google SketchUp)，INSIGHT(太阳能分析工具，Revit)，Ladybug Tools(Grasshopper/ Rhinoceros 3D)，DDS-CAD PV (Polysun)。

(3)9 个在线工具：Construct PV、ArcheliosPro、PVWatts、PVGIS、Calculation Solar. com、PV * SOL Online、Easy PV、Solar Estimate、SolarGIS-pvPlanner。

(4)4 个智能手机/平板电脑应用程序：EasySolar、Onyx Solar、PVOutput、SMA Sunny Portal。

(5)基于 BIM 集成化设计与分析平台：为有效实现 BIPV，需在设计、分析过程中将光伏系统与建筑作为一个整体进行考虑。然而，由于缺乏合适的集成建筑与光伏系统一体化设计分析支撑平台，BIPV 设计通常被分为建筑设计与光伏系统设计两个割裂过程。BIM 的光伏建筑集成化设计与分析平台，可以在建筑设计软件中扩展光伏组件的 BIM 模型，融入电气特性，实现光伏建筑集成化设计；提供光伏系统的集成分析优化功能，直接利用光伏建筑 BIM 模型，实现包括阴影辐射分析和光伏电气分析在内的多种分析功能。基于 BIM 模型，这些分析过程无须任何手动建模过程，可以实现设计与分析的无缝融合。

上述软件可针对不同技术方案设计问题采用，如分析不同散热方式对 BIPV 建筑的能耗影响，可采用 EnergyPlus 和 Fluent 软件耦合模拟的方法，对几种不同散热方式下 BIPV 建筑的建筑能耗和光伏系统发电量进行模拟分析，为 BIPV 建筑在设计中采取何种散热方式提供理论依据和参考。

(二)BIPV 外围护体系设计工具应用案例

韩华集团总部大楼建于 20 世纪 80 年代，坐落于首尔清溪川，建筑面积为 57696 m^2，建成后的建筑被认为不能体现韩华集团作为世界领先环境技术提供商的地位与品牌形象。荷兰 UNStudio 设计团队在 2013 年中标总部大楼改造项目。在后来的改造建设中，荷兰 UNStudio 设计团队并没有简单拆除原建筑并新建，而是选择对原有建筑进行在地改造和更新，与 Arup 工程公司、景观设计师 Loos van Vliet 合作，对总部大楼外立面、内部功能空间以及周边景观进行了整体改造。改造项目历时 5 年，于 2019 年完工。

总部大楼原有外墙采用传统窗墙系统，由多组平行不透明镶板和单层深色玻璃构成，连接到 H 梁支撑的复合板上。设计团队用透明隔热玻璃和铝框架替换了大楼传统外立面材料，在外墙上创新安装了一种太阳能电池板集成模块立面单元系统，以实现能源转换。通过全新的表皮构造设计，保证了不同几何形状、最佳角度和深度的太阳能电池板安装，不仅改善了室内气候，还能满足不同功能空间和不同位置空间对开窗的需求。集成式太阳能电池板的外立面系统通过简单的方式组合多尺度的外立面单元系统，达到视觉多样性、不规则性和复杂性的效果（图 2-12）。作为全球太阳能电池板行业的翘楚，韩华集团总部大楼的外立面改造成为传达可持续性的企业愿景的重头戏。

图 2-12　改造前和改造后的韩华集团总部大楼

（图片来源："High-Rises From the Past and For the Future"，CTBUH 2019 10th World Congres）

为增加建筑内部采光，韩华集团总部大楼北立面模块视野更为开阔，但在南立面减少玻璃透明度，避免太阳加大建筑的热负荷。从景观视野的角度考虑，立面模块的开口与周边景观环境有关，邻近建筑立面一侧的模块开口自然更加紧凑。同时，结合遮阳，还需调整集成模块上太阳能电池板的位置和角度，光伏电池被放置在南面及东南立面的不透明面板上，上半部分以一定角度倾斜，接受阳光直射，以更好地收集太阳能（图 2-13）。

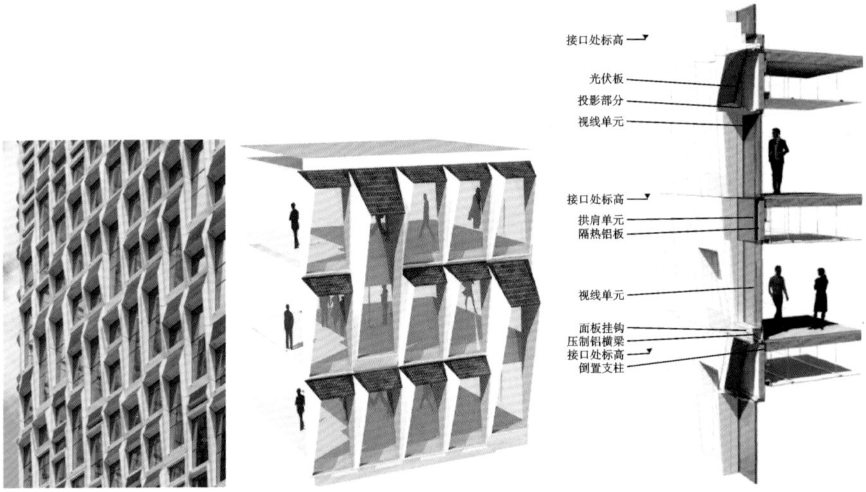

图 2-13　集成式太阳能电池板的外立面系统

（图片来源："High-Rises From the Past and For the Future"，CTBUH 2019 10th World Congres）

本次改造基于通风采光、减少热辐射、提高发电效率、模块标准化、经济及安装施工复杂程度（如减少双曲面和模块类型等）等综合效能目标，并总体回应总部大楼所在的城市首尔的气候条件。

大楼外立面框架模块系统设计的核心是参数化设计工具，在大楼外围护结构中不断优化生成模块的关键数据，从而保证在设计与安装过程中所有相关方保持充分协作和综合效能最大化。

利用参数化设计工具的主要流程包括以下几点。

1. 外立面框架单元的关键参数

依据性能目标选取不同关键参数（如方向、程序、模块化等），将挑选的关键参数融入适应性外立面设计中（图 2-14）。

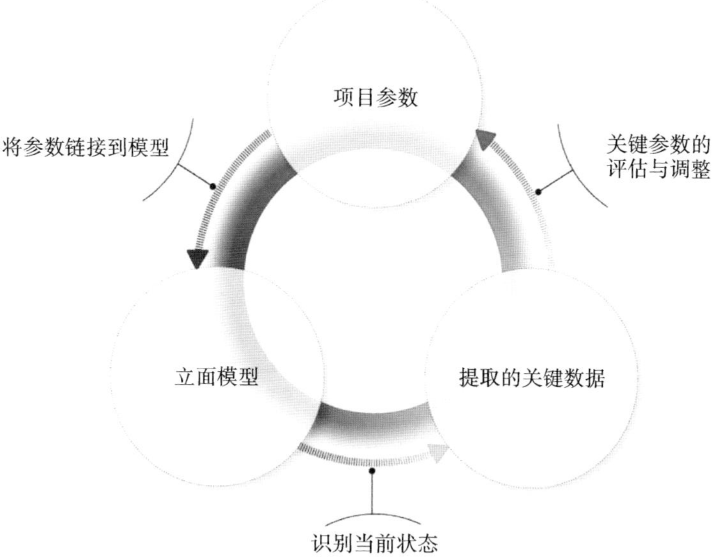

图 2-14　参数设计工作流程

(图片来源:https://www.unstudio.com/en/)

2. 集成模块类型

针对大楼立面开窗类型、形态拓扑及位置,对每个关键参数进行了详细的分析和评估,模拟结果为外立面模块的类别提供了多样性。模型的每个单元都包含一组附加到立面组件中几何图形上的关键数据(如编号、位置、朝向、名称和基本几何信息),研究结果通常会以输入数据方式返回到立面模型中,调整关键参数,可启动新一轮设计迭代(图 2-15、图 2-16)。

3. 表皮生成

整个大楼外观的 80%是由基本模块组成的,其余的 20%则以基本模块为基础模块,由变化微小的子模块组成,以应对不同功能的室内层高、材料及外墙辐射,而新替换铝框支撑材料的外墙细节构造保证了模块变化的可能性。基本模块和所有变体(子模块)组成一个立面单元,通过计算机对其综合效能实时评测程序进行综合比较、选择及表皮组装(图 2-17)。

通过数字设计模型调节关键参数,最终影响大楼立面模块布局及形式。

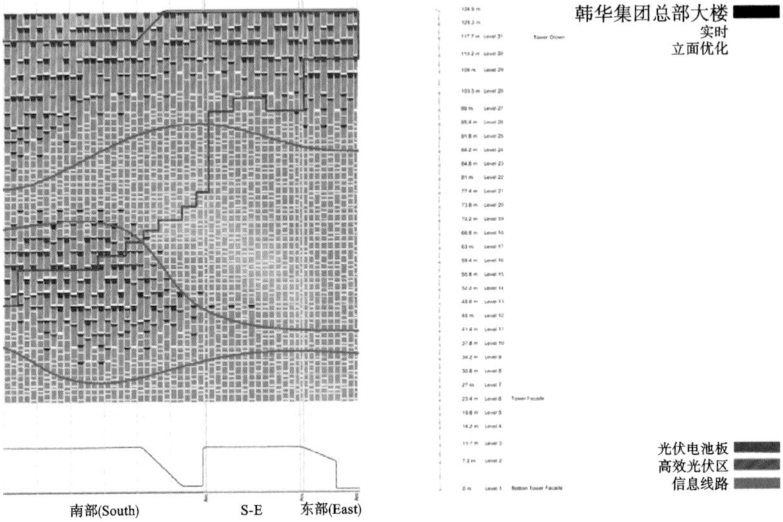

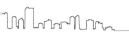

图 2-15　立面优化顺序和集成的光伏电池

(图片来源:https://www.unstudio.com/en/)

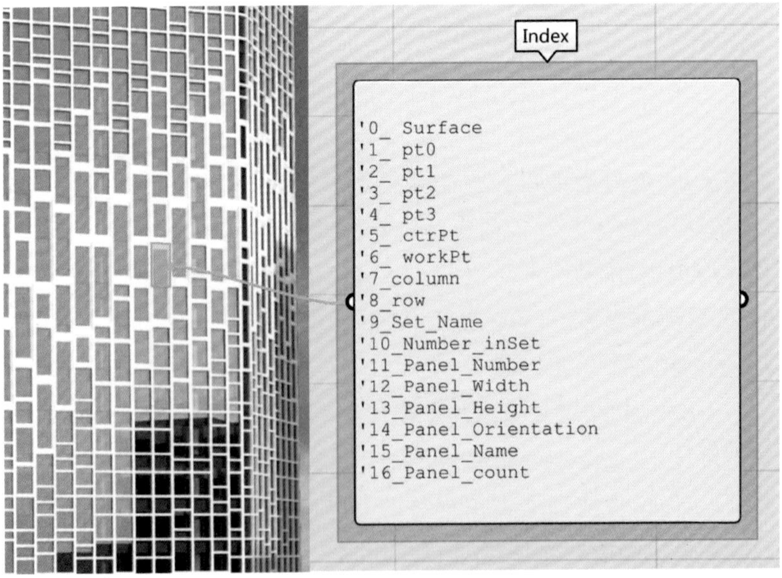

图 2-16　立面单元尺寸数据

(图片来源:https://www.unstudio.com/en/)

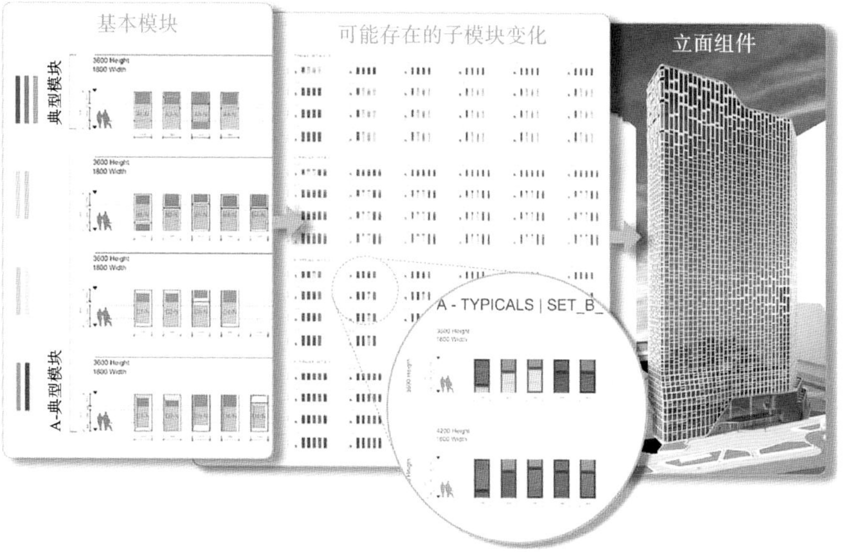

图 2-17　基础模块与子模块性能

（图片来源：https://www.unstudio.com/en/）

二、公共建筑 BIPV 外围护体系综合效能影响因素

近年来，研究者多利用 GIS 等工具对光伏建筑太阳能利用潜力进行研究，集中于城市控制性详细规划阶段的区域建筑群——居住建筑。随着城市化进程的加快，公共建筑在城市中占比逐渐增大，相比居住建筑，公共建筑具有更大的辐射面积，且公共建筑商业用电价格远高于居民用电价格。因此，系统挖掘公共建筑太阳能利用潜力和构建综合能效评价体系，量化 BIPV 外围护结构体系利用太阳能产生的效益，可以促进公共建筑分布式光伏系统的发展。

2021 年 6 月，国家能源局综合司发布《国家能源局综合司关于报送整县（市、区）屋顶分布式光伏开发试点方案的通知》，明确申报试点条件：具有比较丰富的屋顶资源，有利于规模化开发屋顶分布式光伏；有较高的开发利用积极性，具有整合各方面资源、以整县方式开发建设的条件；有较好的电力消纳能力，特别是日间电力负荷较大，有利于充分发挥分布式光伏在保障电力供应中的积极作用；开发市场主体基本落实，开发建设积极性高，有实力推进试点项目建设；党政机关建筑屋顶总面积可安装光伏发电比例不低于50%，学校、医院、村委会等公共建筑屋顶总面积可安装光伏发电比例不低于40%，工商业厂房屋顶总面积可安装光伏发电比例不低于30%，农村居民屋顶总面积可安装光伏发电比例不低于20%。申报条件表明，公共建筑有效利用太阳能面积比例最大。2022年8月，工业和信息化部等五部门联合印发《加快电力装备绿色低碳创新发展行动计划》，要求推进新建厂房和公共建筑开展BIPV建设。由此可见，公共建筑的外围护结构对于太阳能利用潜力巨大。

公共建筑的BIPV设计，不应简单理解为“建筑+光伏”。BIPV首先要求建筑构件、建筑材料本身作为建筑的一部分，需要和建筑进行同步的设计、施工、验收等，建筑师在关注建筑的美观和造型的基础上，对综合能效进行设计时不应过度追求发电效率和收益，还须重视建筑的安全、节能、隔热、隔声、防水等使用功能，同时需关注安装及气候对建筑综合能效的影响。

(一)产品影响

不同太阳能电池产品的发电效率大不相同(图2-18)。以薄膜电池产品为例，依据已有研究文献的实验数据结论可知，在光电转化效率方面，四种光伏电池的转化效率平均值由高到低排序为：单晶硅电池，铜铟镓硒电池，碲化镉电池，多晶硅电池。在光伏板温度方面，碲化镉电池在夏季温度可达近70 ℃，平均温度高于另外三种光伏电池；结合光伏板温度与环境参数的相关性分析，与不同光伏产品温度高低相关的变量参数主要包括太阳辐射强度、室外温度和风温。而太阳辐射强度对光伏板温度的影响由高到低排序为：碲化镉电池，多晶硅电池，铜铟镓硒电池，单晶硅电池。究其原因，主要与不同光伏产品的表面发射率有关。

(二)气候影响

BIPV外围护结构体系在供暖季的发电效率高，节能效果显著，在夏热冬冷地区或炎热地区供冷季，由于光伏太阳能电池组件发热，给建筑室内热环境增加了冷负荷，雪上加霜，节能效果不佳，应进一步耦合建筑排热系统，加强建筑散热或将余热实用化。实践中应进一步深入研究，与市场光伏产

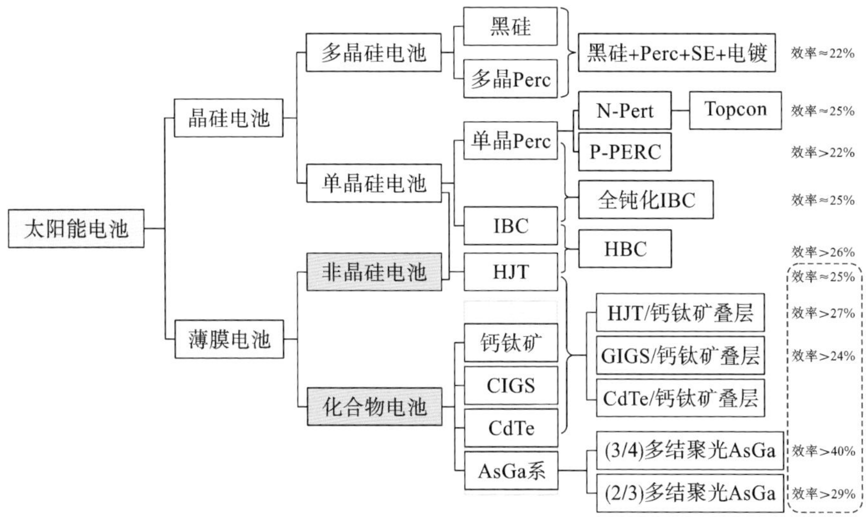

图 2-18　不同太阳能电池产品的光电转换性能

品结合，提高 BIPV 外围护结构体系的使用价值。

光伏组件顶部的积雪会降低发电量，因为积雪会导致入射太阳辐射在光伏上的传输率降低。当积雪较轻且易于融化时，发电损失较小；而当积雪较多且不会迅速融化或脱落时，对光伏发电的影响较大。雪在可见光范围内是高度散射的光学介质，即使是薄薄的一层雪，也是明亮的白色，在可见光波长下反射整个太阳光谱，并且几乎不透射。2 cm 厚的雪层可以减少 90%可见光传输，而 10 cm 厚的雪层可以减少 95%可见光传输和 99%的红外传输。积雪覆盖的光伏板年产量损失与累积雪量成正比，与面板倾斜角度的余弦值的平方成正比。不过，冰雪覆盖的地面会增强太阳辐射反射，从而增加入射到光伏组件上的总太阳辐射，光伏组件在最佳倾角时反而会提高组件的产电量。有研究数据显示，在瑞士、加拿大等多雪地区，降雪可使电产量增加 10%左右。

（三）建筑影响

在建筑设计中，对光伏外围护系统综合能耗的影响进行研究时，首先考虑的是光伏组件的发电效率。

1. 阴影遮挡分析

在建筑设计过程中，光伏仅仅被认为是图形元素，而在光伏设计过程中，常常忽略了建筑对于光伏系统阴影辐照的影响。最受影响的要素莫过于在获取太阳能辐射和光伏系统运行时，建筑形态及建筑的周边环境对太阳光的遮挡。对于建筑周边环境，主要是周边相邻建筑及植被每年、每月及每日的重要时间节点所产生的阴影遮挡，当然还包括建筑形体的自遮挡。例如，在夏热冬冷地区就需谨慎对待建筑形体南向自遮挡的外立面，在发电与节能效率比较中找到平衡。

2. 系统功能保障

围绕建筑光伏外围护结构系统的防水、排水、雨水、隔热及节能等功能要求，为太阳能组件的正常运行及避免发电效率急剧衰减提供基础保障。

针对光伏外围护系统不同功能的复合程度要求，对于光伏外围护体系的整体能源系统，可以采用不同的光伏子系统进行组合。夏热冬暖地区的珠海兴业新能源产业园研发楼是一栋超低能耗办公建筑，其光伏系统包含了光伏微电网、光伏＋园林、光伏＋遮阳等多种复合系统。

3. 系统技术设计

建筑的电力负荷决定了光伏外围护系统电池的类型、规格、数量、安装位置、安装方式和可安装面积，也决定了建筑光伏外围护系统的最大安装容量。因此，科学、合理、准确地确定建筑电力负荷至关重要，用户的用电习惯、公共建筑性质、节能目标都是评估光伏外围护结构系统综合效能的影响因子。另外，从维护技术的角度进行分析，建筑光伏外围护系统维护成本低，设备具有高平整度、无维护通道等特点，采用自动清洁机器人更加可以降低维护的成本，在系统技术设计的全生命周期内提高效能。

三、系统设计效率

通过流程优化及算法融入，提高光伏系统的设计效率。光伏建筑的设计通常被分为建筑设计与光伏设计两个割裂的过程。从城市尺度结合地理信息属性及 BIM 模型，构建集成建筑设计与光伏设计于一体的 BIPV 设计分析平台，对 BIPV 模型进行仿真，通过在建筑设计软件中扩展光伏组件的

BIM 模型，融入电气特性，实现光伏建筑集成化设计；提供光伏系统的集成分析优化功能，直接利用光伏建筑 BIM 模型，实现包括阴影辐射分析和光伏电气分析在内的多种分析功能，从而提高设计计算结果预测的准确性。同时，支持参数管理和可视化效果呈现，能更好地利用建筑外围护结构、物理性能动态数据，得到建筑外围护体系更准确的光伏日照仿真结果，并为电力系统设计提供简单、实用的工具，用以预测光伏发电数据和整合管理，也可实现设计与运营维护的无缝融合，提高综合效能。

四、综合能效评价

BIPV 可以在为建筑提供充足能源的条件下，进一步丰富建筑效果、突出建筑特色。光伏技术与建筑的深度融合，使光伏材料不仅仅停留在发电效率带来的节能技术层面，还应因势利导回应建筑形式、空间功能和所处的气候环境，从而实现建筑外形美观、性能优化与室内环境舒适的整合、协调统一。

与传统节能建筑相比，综合效能评价可以从三个层面进行分析：在整体设计层面，BIPV 设计从能源导向转为环境空间效果导向；而在建筑外围护体系部品设计层面，需从单一产品导向转为系统整合导向；在能源利用层面，则从光伏产品发电效率导向转为建筑整体项目的综合效率导向。毫无疑问，光伏产品企业研发的光伏材料和构件给建筑领域开拓了新的设计思路和技术方法，但如何使光伏技术与建筑外围护结构体系整合在室内热环境、节能、建筑美学之间找到一个平衡点，从而使光伏技术与建筑相得益彰，融为一体，是 BIPV 综合能效评价的主要目标。

综合考虑建筑功能、气象、传热、材料等各个方面的因素进行优化集成，以使各个系统达到最佳耦合，从而达到最佳综合能效的效果。BIPV 设计综合能效的主要评价指标有以下几点。

（一）光伏组件的发电效率

作为普通光伏组件，性能要求只需要通过光伏产品标准 IEC61215 的检测，满足抗 130 km/h(2400 Pa)风压和抵抗 25 mm 直径冰雹 23 m/s 冲击的要求。用作幕墙面板和采光顶面板的光伏组件，不仅需要满足光伏组件的性能要求，同时要满足幕墙的三性（风压变形性能、雨水渗漏性能、空气渗透性能）实验要求和建筑物安全性能要求，因此需要有更高的力学性能和采用不同的结构方式。例如尺寸为 1200 mm×530 mm 的普通光伏组件，一般采用 3.2 mm 厚的钢化超白玻璃加铝合金边框就能达到使用要求。但同样尺寸的光伏组件若用在 BIPV 建筑中，在不同的地点、不同的楼层高度以及不同的安装方式下，对它的玻璃力学性能要求可能完全不同。深圳南玻大厦外循环式双层幕墙采用的就是两块 6 mm 厚的钢化超白玻璃夹胶而成的光伏组件（图 2-19），这是通过严格的力学计算得到的结果。

图 2-19　双层幕墙基本构造示意

传统建筑的外围护体系，如金属、GRC（glass fiber reinforced concrete，玻璃纤维增强混凝土）、干挂石材或任何其他材料都可以被彩色光伏建筑元素和谐地取代。纳米薄膜技术使 BIPV 幕墙构件具有耐久性与耐候性，具有与建筑物相同的生命周期。同样可以采用更强烈的颜色，几乎任何颜色都可以用来匹配 BIPV 外围护结构体系设计，只是颜色的不同，会导致光电转换效率不同。以河北英利能源发展有限公司提供的薄膜模块产品为例。不同颜色薄膜产品组件的光电转换性能如图 2-20 所示。根据不同颜色 BIPV 产品在可见光谱不同中心波长的功率损耗值，很明显可以看到，在单色色彩方面，蓝色功率损耗约为红色的一半，绿色功率损耗略低于红色。在不同颜色情况下，蓝色产品的功率损失最小，红色产品的功率损失最大，黄色与绿色居中。

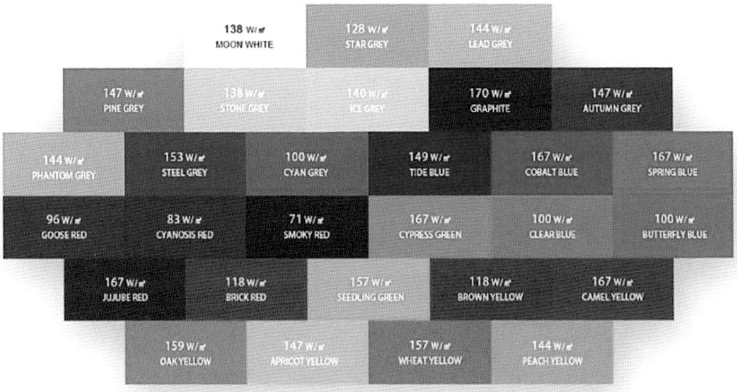

图 2-20　不同颜色薄膜产品组件的光电转换性能

(二)光伏外围护体系太阳能利用的有效面积

光伏外围护体系的两个主要应用场景是建筑屋顶和建筑外立面，或者是光伏屋面和光伏幕墙。

建筑光伏外围护体系太阳能利用的有效面积标志着一个城市的太阳能利用潜力不仅与城市的地理位置、气候条件有关，还与城市密度和建筑形态有关，直接影响光伏外围护体系的发电、经济成本及建筑物理性能（如采光、节能等）的综合效能。

太阳能利用的有效面积计算及与综合效能评测关联的评测指标主要表现在以下三个方面。

1. 城市太阳辐射资源

同一建筑外立面表皮（外围护系统）在不同城市接受太阳年辐射量的差距，导致相同形态的建筑光伏外围护体系太阳能利用的有效面积变化差异显著。

（1）太阳辐射总量。

太阳辐射总量即城市获取太阳能的先天资源条件（即物理潜力），由建筑所在城市的纬度、海拔高度及该地区的气候条件决定。通过对不同城市气象数据进行分析，直射辐射（direct normal irradiance，DNI）、散射辐射（diffuse horizontal irradiance，DHI）、总辐射（global horizontal irradiance，GHI）、水平红外辐射（horizontal infrared radiation）及天空覆盖率（total sky cover）等辐射参数均应被考虑在转换效能评估的前提条件中，太阳能量到达城市地面的总和，由太阳辐射量模型来计算。20 世纪 80 年代，国内科研人员根据各地接受太阳辐射总量的多少，将全国划分为 5 类地区；陈子龙，王芳，冯艳芬在《以广州市为例的城市建筑屋顶光伏利用潜力的多元评价分析》一文中，通过对广州市 5 个行政区域的年均太阳辐射量进行研究发现，广州市的太阳辐射总量在地域上呈现南多北少的趋势，建筑屋顶光伏利用在夏、秋两季有较大的物理潜力。太阳辐射总量计算越精准，建筑光伏外围护系统的综合效能评价越有效。近几十年关于计算模型优化的研究一直持续不断，其中值得注意的是，不同波段的辐射能量密度也不尽相同。

（2）太阳辐射有效能等级。

由于太阳辐射量转化为辐射能才有效能一说，因此这种差异不止表现在太阳辐射的"数量"上，还包括重要的辐射能量转换"质量"。建立对于其数量和质量差异的统一量度，可以通过对辐射量能量转换效能进行评估，结合光伏外围护结构在不同辐射量下的成本和收益分析，建立基于成本回收的具有可用能价值的太阳辐射量分级的低限指标。近年来，随着国内建筑光伏外围护系统实践应用工程案例的增多，相关方面的研究也呈现上升趋势，对于建立一套符合我国城市气候条件、光伏运维成本测算的效能评价中的太阳辐射量的标准化指标，未来可期。

2. 城市与建筑形态布局

获得太阳能的建筑光伏外围护系统（屋面和立面表皮）面积标志着城市与建筑对太阳能利用的物理潜力，足够太阳辐射量的外围护系统可用性的变化随着城市街区形态布局和建筑外围护系统的几何尺寸而变化。乡村与城镇最大的差异是非城镇环境中建筑几乎没有自身形态造成的障碍，也没有周边建筑阴影遮挡对光伏组件发电效能的影响，建筑光伏外围护体系太阳能利用的有效面积需要考虑的仅仅是被植被遮挡的可能性。而城市建筑则需重点关注城市密度、街区形态及建筑形态对光伏外围护系统的设计、发电、视野及其他物理性能的综合影响。

基于城市空间尺度，城市各阶段规划及设计都离不开对于城市太阳能利用潜力的评估，并通过避免建筑阴影与植被遮挡，构建、调整和优化城市建筑间的太阳能利用友好的形态关系，可以大幅提高建筑单体光伏外围护系统的发电效能，而仅仅通过建筑单体提高建筑的发电效能有可能是因小失大、杯水车薪。美国作为世界太阳能资源最丰富的地区之一，1997 年就签署了“百万屋顶计划”，十余年后，荷兰也不甘落后，在城市中建立了大规模应用示范的尼乌兰光伏住区。

无论是在城市宏观地理尺度还是中观街区尺度，针对光伏太阳能利用的发电效能和能量转换成本的研究都逐年增多，但实践中还是缺乏宏观规划和定量指标调控，例如，缺乏不同城市太阳能利用的遮挡系数，缺乏作为城市建筑光伏外围护系统标准制定的依据。从城市形态学与城市开发强度的角度，近十年以来的研究结果表明，能够影响建筑光伏外围护体系太阳能利用的有效面积，在多条件下影响建筑表面发电效能的主要城市形态因素有城市密度指标、街区建筑高度和间距、街区容积率、街谷的高宽比及建筑宽度和进深的比值等。

在研究方法上，城市太阳能有效利用面积存在计算量大和数据缺失的问题，这就要求通过对大量典型的代表性城市街区进行实地调研，逐步建立街区信息数据库，采用仿真模拟的方法，基于机器深度学习，进行城市总体太阳能光伏利用潜力测算。这或许会给未来城市建筑光伏外围护系统的效能提前奠定基础和基调，针对高密度的中国城市形态，为太阳能辐射分级指标提供量化的依据。

3. *建筑微观层面*

光伏外围护体系中光伏发电系统的安装技术及其光伏组件的系统设计反映了系统的发电量潜力，即技术潜力，也是建筑单体光伏一体化应用模式和应用效能评价的主要指标之一。通过对光伏系统(位置和选型)、安装方式(最佳安装倾角、方位角、几何形态尺度)及建筑能耗(围护结构、采光、设备热扰、用电行为等)的耦合模拟与实测，多目标分析研究建筑光伏外围护系统的综合效能与评估。

(三)光伏外围护体系复合构造设计

1. 减少高温下光伏性能退化

光伏电池将入射光的某一波长转化为电能,而其余的则作为热量散失。只有15%~20%的入射光能转化为电能,其余均转化为热量,从而导致光伏板发热。c-Si(晶体硅)、a-Si(非晶硅)、CdTe(碲化镉)、CIGS(铜铟镓硒)的光伏性能在温度升高时功率呈线性下降。c-Si的功耗最大,a-Si的功耗最小(图2-21)。随着温度的升高,c-Si、a-Si、CdTe和CIGS光伏的反向饱和电流增大,开路电压分减小,进而降低填充因子,因此光伏电池实际运行效率低于标准试验条件值,且光伏电池上的长期热应力也会损坏光伏组件。

光伏电池类型	温度系数(K^{-1})
晶体硅	−0.3~−0.2
CdTe	−0.25
CIGS	−0.50~−0.33
a-Si	−0.30~−0.10
钙钛矿太阳能电池	不适用
染料敏化太阳能电池	不适用
有机光伏电池	+0.7

图2-21 不同光伏电池材料的温度系数

2. 降低建筑冷热负荷

高性能及智能的BIPV围护结构能够很好地降低建筑的冷热负荷,提高建筑的室内热舒适性。保温隔热材料、PV材料、新型结构(内嵌管、通风道)、复合系统(光电+光伏)等,为实现高性能建筑围护结构技术提出了多样的方式,如利用通风动力学特性的太阳能墙及光伏热电制冷技术。智能外围护结构是建筑构件的综合体,这些构件本身必须具备可调节性、可变性及智能控制性,以此应对环境的变化,以最小的能源消耗维持建筑内部的健康、舒适环境。

第三节 夏热冬冷地区 BIPV 相关重要设计参数

基于综合能效评价指标分析可以看出，与夏热冬冷地区 BIPV 设计相关的主要影响因素有地区城镇的日照辐射量、气温、风速、风向、雨雪等气候参数，构造设计、地区不同建筑用电负荷特点等。下面以夏热冬冷地区典型城市武汉为例，给予进一步说明。

一、辐射变化

在光能和电能的转化过程中，太阳辐射是光伏发电量的决定因素。太阳辐射量、日光中的光谱分布量是研究太阳辐射对 BIPV 影响作用的两个重要方面。在夏热冬冷地区的不同城镇，云层厚度、臭氧层厚度、二氧化碳和水蒸气含量等都会直接影响一个平面的太阳辐射总量，大气中的颗粒物等则通过影响日光中光谱的变化来影响 BIPV 设计。入射太阳辐射与晶体硅电池效率之间存在对数相关性，而非晶硅和砷化镓电池的效率受这种弱辐照度的影响较小。

另外需要认真考虑的是，由于日照导致的光伏模块阴影，尤其是当它们呈一种行列式排列（如屋顶和外墙立面遮阳）时，如果一个模块被部分遮挡，那么光电转化的功效将会比预料的降低很多。

这里以武汉市为例。一年中，武汉地区总辐射量最少的时段在当年冬季的 12 月至次年的 2 月，辐射量在 220 MJ/(m^2 · 月)左右，夏季的 6 月至 8 月是全年中辐射最强的月份，辐射量为 350～550 MJ/(m^2 · 月)，其中极大值出现在 7 月，辐射量大致为 500～550 MJ/(m^2 · 月)。武汉地区的大气年均浑浊度系数在 0.2～0.25，数值较高，显然是由于湿气较重，水蒸气含量高，并与工业污染和交通污染程度有关。武汉地区太阳辐射总体资源较丰富，太阳能资源的时空分布则在冬季和夏季差别较大，峰值出现在 7 月、8 月，武汉地区大气透明度较低，直接辐射衰减较强。在 BIPV 设计中，需对光伏电池组件的规模、安装朝向、方位角等进行相应的分析、计算及选择。

二、气象参数

当太阳光照射到太阳能电池表面的时候，并不是所有的光能都能转化成电能，在实际条件下，通常只有16%～20%的入射光可以用作发电，大部分能量都转变成了太阳能电池板的热能，使电池板的温度不断升高，太阳能电池表面P-N结空穴对活性层厚度减小，发电效率明显下降，因此控制太阳能电池板的温度显然很有必要。通过采用被动和主动冷却模式，冷却太阳能电池板的温度，从而达到提高发电效率的实验在国内外已经有不少学者进行了相关的研究。如在光伏墙体的隔热层内铺设水冷管道，在电池组件下面设置通风流道，使电池温度下降，增加系统发电量。夏热冬冷地区城镇风速常年各不相同，如何充分通过建筑设计组织好自然通风或以水体蒸发带走光伏板表面的热量，是BIPV设计中需要考虑的重要因素。

另外，建筑外围护结构体系中光伏板暴露在室外，必须具备抗雨、抗风和应对雪荷载或突发极端气候影响的能力。例如在武汉地区，坡屋顶利于排水、排雪。通过查阅建筑结构规范积雪荷载分析可知，倾斜的外围护结构坡度控制在40°以上都会有较好的排雪效果，在BIPV设计中，除了考虑辐射量对外围护结构倾斜坡度的影响，还需要结合雨雪等因素进行分析。

三、用电负荷

李玉云、张春枝、曾省稚等对武汉地区9幢办公建筑用电量进行了全年调查和现场测试，得出武汉地区办公建筑的耗电量年度变化；而笔者通过PVSystem软件模拟绘制出武汉地区单位面积倾斜角度21°、方位角0°的光伏板在一年中各月接收到的辐射量示意曲线图，通过比较可以发现，光伏板一年中发电的高峰与建筑中用电的高峰处在同一个时期，即夏天的6月至8月，因此，在武汉地区，建筑中的光伏发电可以有效缓解夏季用电紧张的压力。武汉地区当年的冬季12月至次年的1月处于全年用电的第二个高峰，但这几个月份处于全年发电的低谷，因此适当调整角度增加冬季发电量是有必要的。在BIPV设计中，光伏屋顶、光伏墙体属于固定的外围护构件，需要有固定的倾斜角度，建议取19°～23°，能获得全年最大辐射量，保证全年最大发电量。对于光伏遮阳、光伏窗等可以活动的部分，可以通过在夏半年(4 月至 9 月)和冬半年(10 月至次年 3 月)进行两次调节，分别调到 2°～10°和 39°～43°，这样可以灵活地满足全年供电的需求。

四、BIPV 设计实践案例

2008 年，在华中科技大学建筑系馆实验室局部扩建工程(图 2-22)设计中，笔者通过屋顶外围护结构的构造设计，结合通风墙体及屋顶喷雾水回收系统，综合解决了屋顶光伏太阳能电池板的散热问题，为夏季达到室内热环境的舒适减少了能耗，也减轻了光伏板因温度升高而发电效率急剧下降的影响。

光伏组件模块的发电效率会随着工作温度的升高急剧下降。在目前的 BIPV 系统中，由于使用导热性能较差的玻璃作为基底和光伏构件没有进行主动散热降温，导致构件内部的光伏组件模块温度很高，太阳能电池效率仅能达到 8%～9%。舒文兵，施涛在 2015 年发表的《光伏建筑装饰一体化铝型材基板的水冷系统》一文中利用一种中空的铝质型材作为光伏构件的基底，并通入介质水使光伏组件模块在得到主动冷却条件下，工作温度大幅降低，可使太阳能电池的效率提高约 40%。通过这种主动降温方式能够使 BIPV 发电系统的效能得到有效提升。

武汉地区年日照总时数在 1810～2100 小时，夏季有 130 多天，高温持续时间长，极端最高气温为 41.3 ℃。在保证光伏组件背面通风散热后，其表面温度超过 60℃，背面温度仍可超过 40 ℃，故设置风机微雾系统和水池(位于原有楼面屋顶加建楼板之间，可回收部分雨水)，在夏季给光伏组件降温。同时，利用夏季主导风向和 CFD 软件模拟，进行了局部二层屋顶构造设计，降低了实验室的室内温度，也保证了 PV 板基地温度的下降，达到发电和室内舒适的双重功效。

从以上对影响建筑光伏外围护系统因素的分析可以看出，可获得并可转换的太阳辐射量指标是评价综合效能的最重要指标。随着新型城市化的发展，大中城市及县城土地集约程度也不断增加。在理论上，城市所有民用建筑外墙都可以采用幕墙，一般住宅建筑外墙立面面积占建筑总外面积的

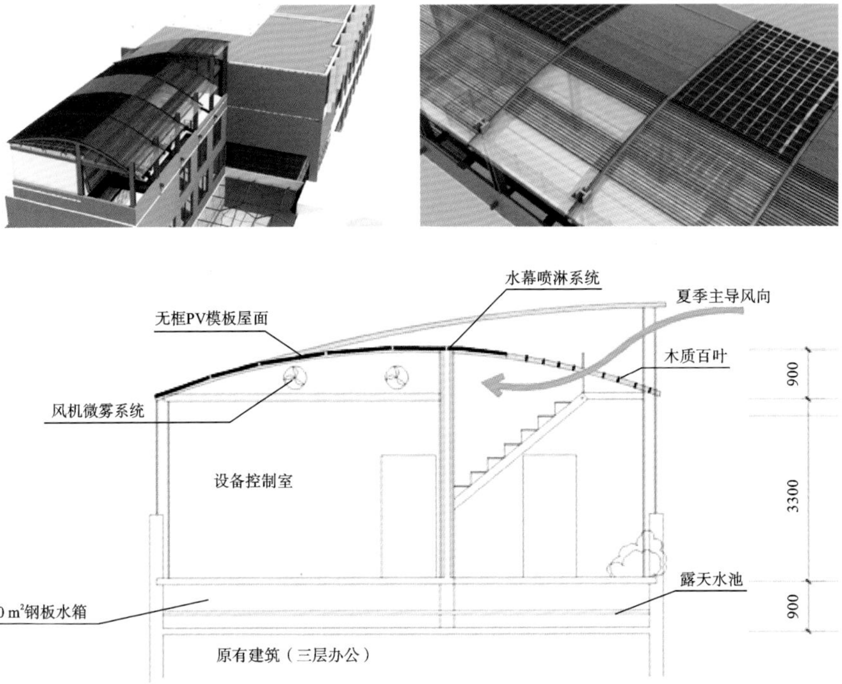

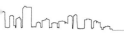

图 2-22　建筑系馆实验室局部扩建工程设计

62%～67%，屋顶面积一般占建筑总外面积的20%，而公共建筑由于类型多样，没有一般性数据，但总体上外墙立面面积远远大于屋顶面积。在建筑呈高密度状态的大中城市，高层办公建筑光伏立面应用优势尤其明显。若城市建筑水平较低或是倾斜朝向阳光屋面资源相对缺乏，其太阳能可利用的有效面积远远低于垂直幕墙。对于不需要采光的幕墙，由于其成本较低，具有较好的太阳辐射用能度，在综合能效评估分析中，公共建筑光伏外围护幕墙系统在城市太阳能利用中的应用前景将更为广阔。

第三章　半透明薄膜光伏幕墙应用及研究现状

第一节　薄膜光伏电池概况

BIPV 主要与晶硅和薄膜两类光伏技术路线结合，薄膜光伏电池相比晶硅光伏电池的优势在建筑幕墙中体现得更为突出。主要有三个原因：①薄膜电池弱光性较好，对安装角度要求不高，建筑幕墙采光效果往往弱于屋顶采光效果，在弱光环境中，薄膜电池具有比晶硅电池更长的发电时间；②许多建筑幕墙要求有自然采光，BIPV 组件必须满足幕墙对透光率的要求，晶硅电池透光率较低，而薄膜电池透光性更好；③相较晶硅组件之间的明显色差，薄膜电池颜色较为丰富，几乎涵盖所有常见色系，可以满足许多建筑幕墙的美观要求。

半透明薄膜光伏电池类型主要分为非晶硅、碲化镉、铜铟镓硒、染料敏化四种，下面将对这几种薄膜光伏电池进行分类介绍并选定本次研究的光伏材料类型。

一、非晶硅薄膜光伏电池

非晶硅薄膜光伏电池于 20 世纪 70 年代开发成功，多采用等离子体增强化学气相沉积(plasma enhanced chemical vapor deposition，PECVD)的方法制备，具有生产成本低、可大批量生产、能量回收期短、高温性能好、光吸收系数高、弱光响应性好等优点，但同时也具有转换效率低、稳定性差、严重的光致衰退(light-induced degradation，S-W 效应)等问题，单结非晶硅薄膜电池效率衰退率为 25%，非晶微晶叠层薄膜电池的衰退率为 10%。其电池结构如图 3-1 所示。

国际市场上生产该设备的领军企业有美国联合太阳能公司(United

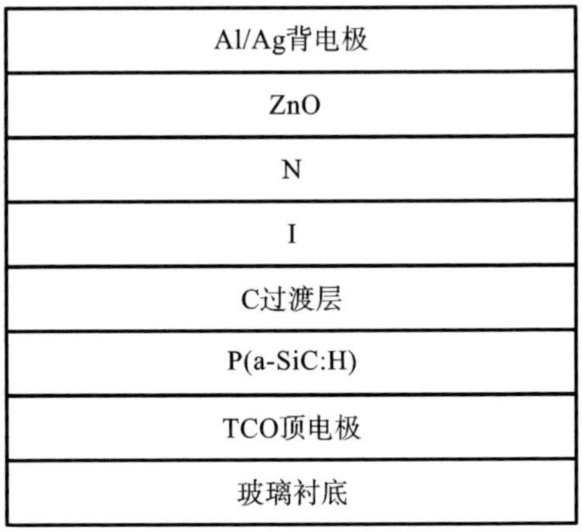

图 3-1　p-i-n 结构非晶硅薄膜光伏电池原理示意图

（资料来源：《薄膜太阳能电池基础教程》）

Solar)、日本三菱重工业股份有限公司(Mitsubishi Heavy Industries,Ltd.)、西班牙 T-solar;国内市场上,多家光伏企业具有量产能力,如汉能移动能源控股集团有限公司、杭州天裕光能科技有限公司、武汉日新科技股份有限公司。现在商业量产的非晶硅薄膜电池组件透光率可达到 50%。在透光率为 40%、20%和 10%时,效率分别可以达到 6.6%、8.9%和 10%。相关产品外观如图 3-2 所示。

(a)　　　　(b)

图 3-2　不同透光率非晶硅薄膜光伏玻璃外观表现

(a)10%透光率非晶硅薄膜光伏玻璃;(b)20%透光率非晶硅薄膜光伏玻璃

（图片来源：杭州天裕光能科技有限公司官网）

二、碲化镉薄膜光伏电池

碲化镉属于Ⅱ-Ⅵ族化合物半导体，其带隙宽度与太阳能光谱相匹配程度高，理论转换效率高达28%。它具有温度系数低、弱光性能好等优点，能应用于高温和光照少等不良环境。其电池结构如图3-3所示。

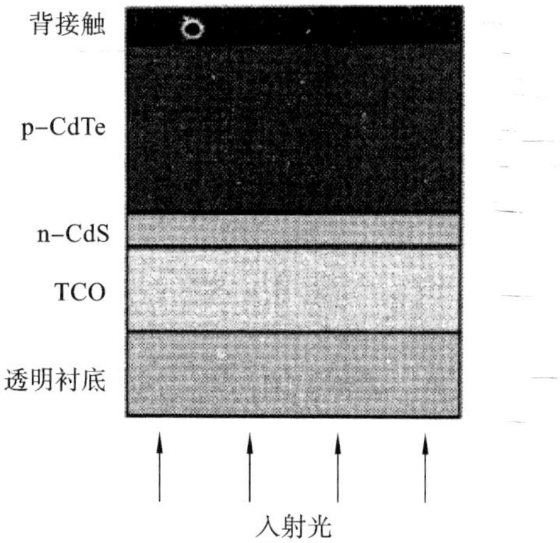

图3-3 碲化镉薄膜光伏电池结构图

（图片来源：《薄膜太阳能电池基础教程》）

近年来，我国自主开发的装配式大尺寸碲化镉发电玻璃具有绿色节能、透光、丰富的色彩、多样的图纹、真实的质感等特点，可完美实现建筑师的立面设计创意，同时抗热斑，省清洗，能达到A级防火材料功效，是完全替代传统玻璃的新型绿色建材，是光伏建筑一体化材料的最佳选择。丹麦哥本哈根国际学校（图3-4）是世界上最大的建筑外围护体系的BIPV安装项目，除降低传热值节能外，它还产生可再生能源。

目前，全球范围内具有量产碲化镉薄膜光伏组件的企业有美国的First Solar、德国的Calyxo和中国的龙焱能源科技（杭州）有限公司。由于国内对于碲化镉的研究起步较晚，因此国内产品占据光伏市场的比例很小，但从长远来看，该类型薄膜电池具有很好的市场前景。由First Solar量产的半透明碲化镉薄膜电池效率可以达到14%以上，相比于非晶硅薄膜电池，效率有很大的提升，其透光性能也可以达到50%。相关产品外观如图3-5所示。

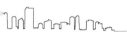

(a) (b) (c)

图 3-4　碲化镉薄膜光伏玻璃应用外观

(a)20%透光率碲化镉薄膜光伏玻璃建筑应用；(b)30%透光率碲化镉薄膜光伏玻璃建筑应用；
(c)哥本哈根国际学校

(图片来源：http://oklahomavstcu.us/solar-powered-curtains.py)

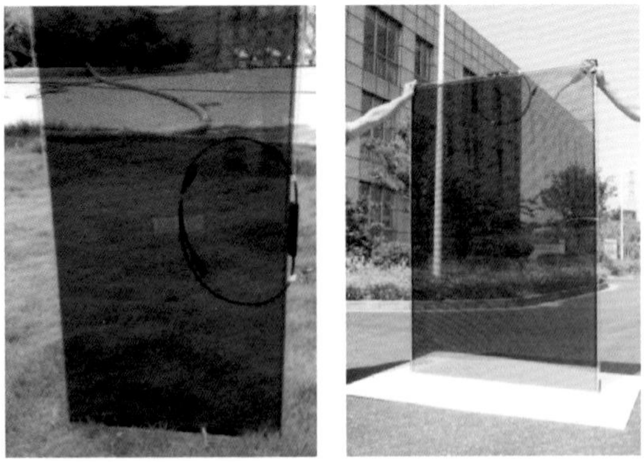

(a) (b)

图 3-5　碲化镉薄膜光伏玻璃外观

(a)10%透光率碲化镉薄膜光伏玻璃外观；(b)20%透光率碲化镉薄膜光伏玻璃外观

(图片来源：https://www.alibaba.com/product-detail.html)

三、铜铟镓硒薄膜光伏电池

Cu(In,Ga)Se2(铜铟镓硒,CIGS)是Ⅰ-Ⅲ-Ⅵ族化合物半导体材料,具有黄铜矿晶体结构,以其为吸收层的太阳能电池被称为铜铟镓硒薄膜光伏电池。该电池具有光电转换效率高、电池稳定性好、使用过程中基本无衰减、抗辐射能力强、弱光性能好、可见光吸收系数高、能量偿还期低等优点。铜铟镓硒薄膜光伏电池结构如图3-6所示。

图3-6　铜铟镓硒薄膜光伏电池结构图

(图片来源:《薄膜太阳能电池基础教程》)

目前国际市场上铜铟镓硒薄膜光伏电池的主要代表生产企业有德国的würth Solar,美国的Global Solar Energy、Nanosolar、MiaSole,日本的Showa Shell Sekiyu、Honda Soltee。而汉能移动能源控股集团有限公司通过收购德国的Solibro和美国的MiaSole,成了国内市场上铜铟镓硒薄膜光伏电池的领军企业。

相比于非晶硅薄膜光伏电池,铜铟镓硒薄膜光伏电池性能稳定,无衰退现象。量产的铜铟镓硒薄膜光伏电池实验室效率已经达到20%以上,而量产的光伏组件效率为11%～12%，因此还有很大的发展空间。相关产品及应用外观如图3-7和图3-8所示。

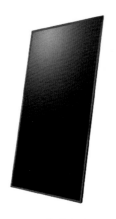

图3-7 铜铟镓硒薄膜光伏电池组件外观

（图片来源：汉能移动能源控股集团有限公司官网）

图3-8 北京国家电投大厦立面细部

（图片来源：作者自摄）

四、染料敏化光伏电池

染料敏化光伏电池具有原材料廉价、制造工艺简单、稳定性能好、衰减少等优点，可根据电解质的不同，分为液体电解质电池、凝胶（准固态）电解质电池和固态电解质电池等类型。在国际市场上，染料敏化光伏电池的领军企业和机构有澳大利亚的STA公司、德国的INAP研究所和美国的Konarka公司。而在国内，中国科学院等离子体物理研究所建成产业化初步试验线，与铜陵中科聚鑫太阳能科技有限责任公司合作，开展了技术研发工作，并建立了生产线。单片规格为150 mm×200 mm的染料敏化光伏电池光电转换效率已达到7.35%。电池组件外观及建筑应用表现如图3-9及图3-10所示。

图 3-9 染料敏化光伏电池组件

（图片来源：https://image.baidu.com/search）

(a) (b)

图 3-10 瑞士科技会展中心染料敏化光伏玻璃应用表现

(a)西南角视图；(b)内部表现图

（图片来源：http://www.solaronix.com/）

钙钛矿光伏电池是一种固体形态的染料敏化光伏电池，有类似于非晶硅薄膜光伏电池的 p-i-n 结构。它的光电转化性能优越且发展迅速，从 2009 年至今，光电转换效率从 3.5%提升到了 22.3%，在未来仍有巨大提升空间。国内高校团队在规格为 10 cm×10 cm 玻璃基板钙钛矿光伏电池组件制备方面的技术也取得了突破，经国家光伏产品质量监督检验中心验证，其相关组件光电转换效率为 13.98%，推动了钙钛矿电池的大面积制备工艺发展。电池组件外观及建筑应用表现如图 3-11 及图 3-12 所示。

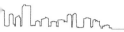

图 3-11　钙钛矿光伏组件

（图片来源：http://guangfu.bjx.com.cn）

(a)　　　　(b)

图 3-12　钙钛矿光伏玻璃应用对比

(a)应用传统玻璃室内视野图；(b)应用钙钛矿光伏玻璃室内视野图

（图片来源：*Comparing Energy Performance of Different Semi-Transparent, Building-Integrated Photovoltaic Cells Applied to "Reference" Buildings*）

根据四种薄膜光伏电池的市场调研发现，在现今国内市场中，非晶硅薄膜光伏电池占比最大，达 1/3 以上，技术发展更加成熟。其外观特性与其他类型薄膜光伏玻璃也具有相似性。综上考虑，下文将以非晶硅薄膜光伏电池作为研究对象，探究其于武汉地区应用时对室内光环境及室内能耗的影响。

第二节 薄膜光伏幕墙

一、幕墙结构

现有光伏玻璃幕墙结构设计形式主要分为框式光伏玻璃幕墙和点式光伏玻璃幕墙两种。

(一)框式光伏玻璃幕墙

框式光伏玻璃幕墙主要分为三种应用形式(图 3-13)，具体如下。

全明框式光伏玻璃幕墙：幕墙玻璃嵌合在型材边框上，是建筑立面外观上横竖边框均显露出来的结构形式。

半隐框式光伏玻璃幕墙：分为“横明竖隐”和“横隐竖明”两种形式，是在建筑立面外观表现上仅显露出横向边框或竖向边框的结构形式。

全隐框式光伏玻璃幕墙：支撑骨架隐藏在室内，是建筑立面外观上边框均不显露的结构形式。

(a) (b) (c)

图 3-13 幕墙构造形式对比

(a)全明框式光伏玻璃幕墙外观；(b)半隐框式光伏玻璃幕墙外观；(c)全隐框式光伏玻璃幕墙外观

[图片来源：(a)https://selector.com/au，(b)(c)作者自摄]

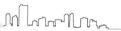

(二)点式光伏玻璃幕墙

点式光伏玻璃幕墙采用金属构件和紧固件将幕墙玻璃连接成一个整体,主要受力部分为支撑体系与金属连接件。点式光伏玻璃幕墙立面外观及节点细部如图 3-14 及图 3-15 所示。

图 3-14　汉能集团总部大楼点式光伏幕墙立面外观

(图片来源:作者自摄)

图 3-15　汉能集团总部大楼点式光伏幕墙节点细部

(图片来源:作者自摄)

二、光伏玻璃

(一)光伏玻璃构造

光伏玻璃组件的构造形式主要分为以下两种。

1. 夹层光伏玻璃组件

夹层光伏玻璃组件首先将光伏薄膜电池层沉积到外侧的超白压花钢化玻璃上,形成电池基片,然后通过 PVB 胶片使之与内侧的钢化玻璃形成整体构造。其具体构造如图 3-16 所示。

2. 中空光伏玻璃组件

现有透光薄膜中空光伏玻璃组件主要有两种结构形式(图 3-17):一种为将夹层光伏玻璃与另一块玻璃进行组合,形成具有一定空气层的玻璃构件形式,其透光性能主要受夹层光伏玻璃影响;另一种是将电池片集成到两片玻璃中空区域,通过倾斜一定角度达到不同透光率的需求。

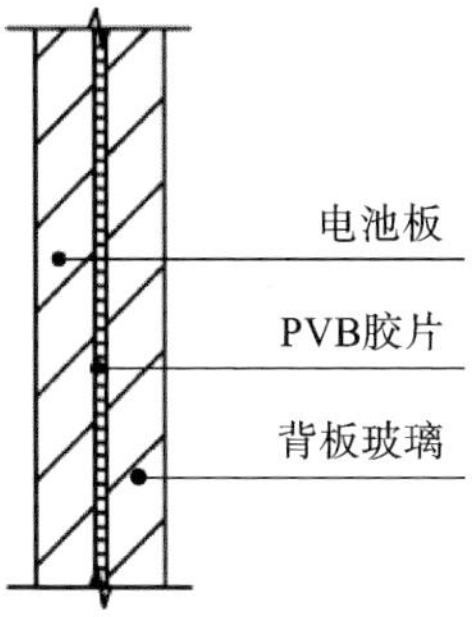

图 3-16　夹层光伏玻璃组件结构示意图

（图片来源：作者自绘）

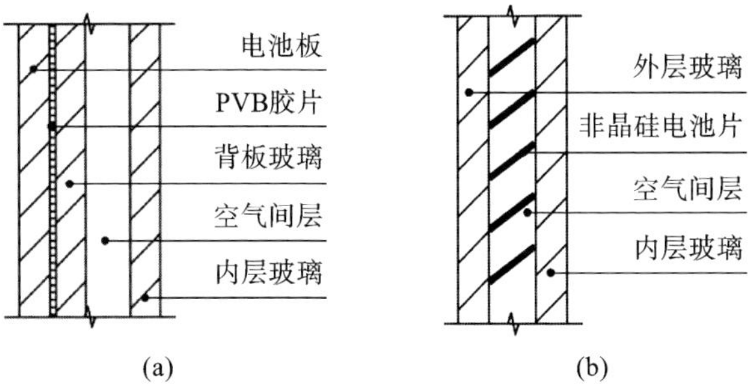

图 3-17　夹层光伏玻璃组件结构示意图

(a)结构 1;(b)结构 2

（图片来源：作者自绘）

中空光伏玻璃结构较夹层光伏玻璃而言，具有更好的热工性能，同时可以根据建筑光热环境的不同需求，改变空气间层厚度及内层玻璃材质，使光伏玻璃构件满足建筑设计要求。

(二)外观特性

1. 外形及尺寸

现有光伏玻璃可以根据建筑设计师的造型需求制作成多种形状，如菱形、三角形、方形等。光伏玻璃应用外观如图 3-18 所示。

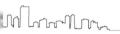

(a) (b) (c)

图 3-18　光伏玻璃组件外形对比图

(a)菱形;(b)三角形;(c)方形

[图片来源:(a)(b)作者自摄,(c)https://www.onyxsolar.com/projects]

通过对国内外光伏玻璃产品进行资料整理,可知光伏玻璃组件量产规格主要有1245 mm×300 mm、1200 mm×600 mm、1245 mm×635 mm、2462 mm×635 mm、1245 mm×1245 mm、1849 mm×1245 mm、2456 mm×1245 mm、3000 mm×1245 mm。另外,也可根据建筑设计师的造型需求定制尺寸。

光伏玻璃产品外形及尺寸规格的多样性,极大地丰富了光伏建筑的立面效果,为光伏建筑多样化设计提供了坚实的基础。

2. 肌理

我国现有半透明非晶硅薄膜光伏产品根据制作工艺的不同,分为点刻式薄膜光伏构件及百叶式薄膜光伏构件,其外观表现如图 3-19 所示。

由图 3-19 可见,百叶式透光薄膜光伏中空玻璃通过调节玻璃夹层中部非晶硅电池层的倾斜角度来形成透光特性,中部电池片透光率较低,容易影响视觉连续性。而点刻式非晶硅光伏构件是通过激光刻线的方式,去除一定面积的非晶硅薄膜层,从而提高透光性能。相比于百叶式光伏构件,点刻式光伏构件具有更好的采光均匀性。通过调节点刻线的间距及密度,可以实现光伏构件透光率的变化,从而形成不同的视觉感受。

3. 色彩

透光薄膜光伏电池制作工艺的不同,会影响其颜色外观表现。在现有制作工艺中,可以通过调节 PVB 胶层颜色或采用有色背板玻璃来控制薄膜

(a)　　(b)

图 3-19　光伏玻璃组件肌理对比图

(a)点刻式薄膜光伏构件;(b)百叶式薄膜光伏构件

(图片来源:作者自摄)

光伏构件的颜色外观,从而适用于不同功能的空间要求。光伏玻璃组件色彩对比及建筑应用效果如图 3-20 及图 3-21 所示。

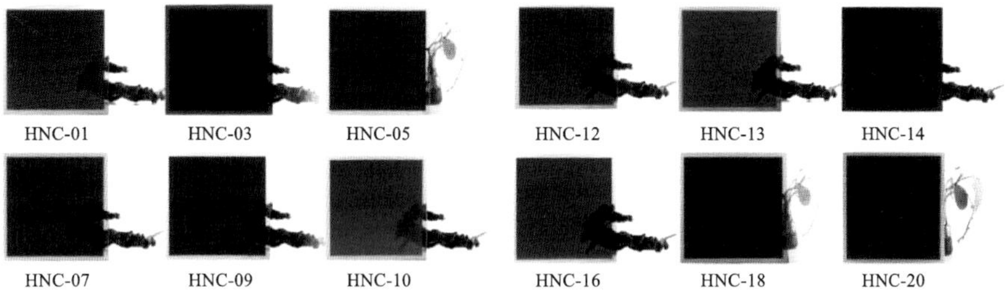

图 3-20　光伏玻璃组件色彩对比

(图片来源:汉能移动能源控股集团有限公司产品手册)

4. 韵律

不同透光率的半透明薄膜光伏玻璃,对室内视野影响有差异。随着透光率的逐渐变化,视野表现富有节奏感和韵律感。光伏玻璃建筑应用表现的渐变序列如图 3-22 所示。

从国内外非晶硅光伏幕墙的应用案例可知,光伏玻璃在办公建筑上的应用具有广阔前景。其特有的外观特性影响了建筑室内光环境,热工特性

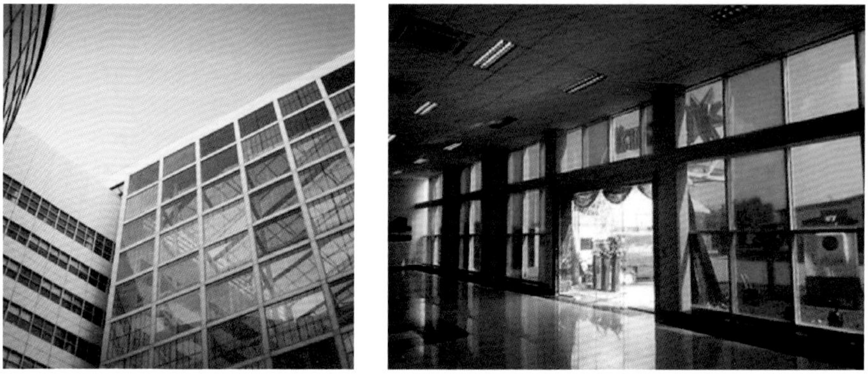

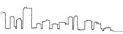

图 3-21　光伏玻璃建筑应用中的色彩表现

[图片来源：左图 http://www.cochinsolar.com/bipv.html，
右图 http://www.nusolar.com.my/solarsolutions/thinfilm-residential.htm]

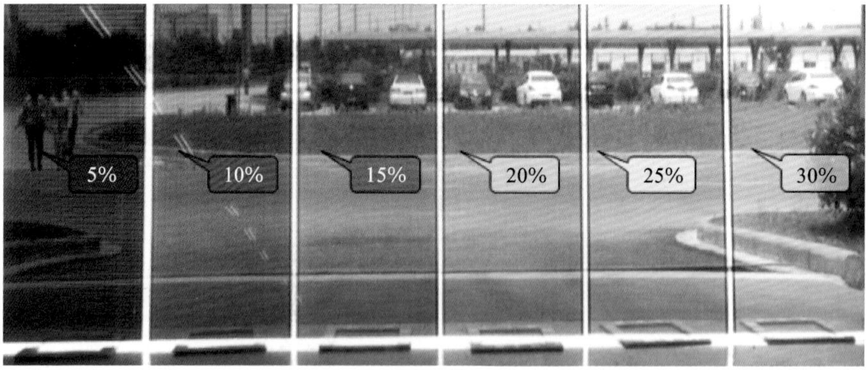

图 3-22　光伏玻璃建筑应用表现的渐变序列

（图片来源：http://www.vccoo.com/v/dff5d5）

和发电特性又对室内能耗产生增益作用。但国内对于半透明光伏幕墙应用于建筑中的相关研究仍处于初期阶段，如何在应用此种新型建筑材料时，既考虑室内光环境质量，又能使室内能耗达到最低，是现期研究的主要目标。

第三节　高层办公建筑薄膜光伏幕墙应用

一、高层办公建筑现存的主要问题

(一)自然采光问题

对于办公建筑使用人员而言,自然采光可以提升工作效率,促进身心健康。但随着人工照明技术的发展,高层办公建筑设计中对自然采光的考虑逐渐变少,建筑照明能耗随之增加。因此,现有绿色建筑设计将自然采光的合理利用纳入考量范围之内。

办公建筑多采用中空玻璃作为采光材料,在自然采光情况下,容易造成近窗处照度过大,室内光线分布不均匀的现象。因此,如何在提高办公建筑室内自然采光质量的同时,又能增加天然采光时间,降低照明能耗,是室内光环境设计亟须解决的问题。除设置遮阳板、遮阳百叶、棱镜系统、导光管系统等光环境改善措施之外,半透明薄膜光伏玻璃的低透光率光学特性也可阻止过量光线进入室内,从而改善办公空间的光环境质量,降低照明能耗。

(二)能耗问题

高层办公建筑立面多采用幕墙系统。大面积玻璃作为围护结构,使得大量太阳辐射和自然光进入室内,导致采暖及制冷负荷增加。因此,对高层办公建筑外围护结构的优化设计是可持续发展的必然要求。用半透明薄膜光伏玻璃替代传统玻璃,应用于高层办公建筑幕墙系统中,是一种极具潜力的发展方式,其独有的热工性能和发电性能将对高层办公建筑能耗产生一定影响。

二、高层办公建筑薄膜光伏幕墙应用

(一)薄膜光伏电池发展现状

随着光伏技术的飞速发展,半透明薄膜光伏组件应运而生。根据原材料类型，现有的薄膜光伏产品主要分为非晶硅薄膜光伏电池、铜铟镓硒薄膜光伏电池、碲化镉薄膜光伏电池、染料敏化光伏电池等。相比于传统晶体硅光伏组件，它们具有性价比高、可连续大面积生产、良好的弱光性、发电量高、能量偿还周期短、更易与建筑集成等多种优势，在国际和国内市场上发展迅速。

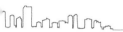

近年来，半透明薄膜光伏玻璃在高层办公建筑上的应用案例越来越多，从技术层面究其原因主要有三点。一是办公建筑光伏电池发电时间与办公时间完美匹配，应用效率高。办公时间主要为 8:00—18:00，该时间段与光伏玻璃工作时间段吻合，光伏玻璃转化的电能可以及时接入建筑自身电力系统，从而降低整体耗能。二是高层办公建筑立面多采用玻璃幕墙形式，大面积玻璃为半透明光伏玻璃的应用提供了广阔空间。三是高层办公建筑存在室内天然采光设计不足和能耗过大的问题，半透明光伏玻璃的应用在一定程度上可以解决采光与能耗间的矛盾。

（二）薄膜光伏幕墙在办公建筑中的应用

随着光伏建筑一体化的蓬勃发展，半透明非晶硅薄膜光伏玻璃在办公建筑中的应用越来越广泛。下面收集了国内外典型案例并进行了相关介绍，如表 3-1 及表 3-2 所示。

表 3-1　国外非晶硅光伏玻璃办公建筑应用案例

案例简介	外观表现
可口可乐 Femsa 公司总部采用非晶硅光伏双层玻璃通风幕墙，使用 370 个大尺寸灰色非晶硅玻璃模块，透光率为 20%，装机容量达 17.22 kW	

续表

案例简介	外观表现
Genyo 公司办公楼采用双层玻璃幕墙，不同色调和不同尺寸非晶硅光伏玻璃模块创造出马赛克效果。采用 550 m^2 透光率为 20%的非晶硅光伏玻璃，装机容量达 19.3 kW，年发电 32000 kW·h。双层表皮结构可以隔热、隔声，大大降低了采暖能耗	
加那利群岛高等教育机构新总部采用透光率为 20% 的非晶硅光伏玻璃作为幕墙材料，装机容量达 15.28 kW。三层夹层非晶硅光伏玻璃长 3 m、宽 0.5 m，结合固定玻璃模块，具有卓越的马赛克外观	
Bursagaz 土耳其天然气公司办公楼立面上叠加镶嵌双层光伏玻璃。非晶硅玻璃模块尺寸为 500 mm×700 mm，透光率为 20%，可使光线均匀通过。安装功率为 4.1 kWp，每年产生 3400 kW·h 电量	
马耳他政府大楼使用了低辐射非晶硅光伏玻璃组件，透光率达到 20%，使光线能够进入室内且具有良好的视野效果	

续表

案例简介	外观表现
孟加拉国达卡的东方银行总部采用透光率为 30％的非晶硅光伏玻璃幕墙。总装机容量为 12.5 kW，每年能够产生 22600 kW·h 电量	
马拉加省的 Guadalhorce Valley Rural Development Group 总部安装了透光率为 20％的非晶硅光伏幕墙，每年产生超过 2700 kW·h的电量，峰值安装功率为 2.5 kWp。减少了建筑物能源消耗，改善了建筑物的隔热和隔声效果	
吉萨联合国家银行采用 10％透光率的蓝色非晶硅玻璃作为建筑立面材料，形成了丰富多彩的视觉效果	

表 3-2　国内非晶硅光伏玻璃办公建筑应用案例

案例简介	相关图片
武汉日新科技光伏工业园办公大厅及食堂分别采用透光率为 30%和 20%的非晶硅光伏玻璃作为立面幕墙材料，并采用光伏组件设计了多种形式的外立面	
深圳建科大楼幕墙采用点透式非晶硅光伏夹层玻璃，安装面积为 621 m^2，功率为 16.8 kWp	
长沙中南院勘测设计研究院博远大厦采用了百叶式非晶硅光伏玻璃作为南面幕墙材料，安装面积共 130.54 m^2	

续表

案例简介	相关图片
长沙中建五局办公楼在顶层活动空间中庭采用百叶式非晶硅光伏玻璃幕墙，面积共 2000 m^2，功率为 100 kWp	
深圳南山软件园的太阳能光伏玻璃采用了百叶式非晶硅玻璃，安装于南面幕墙，装机容量为 6 kW	
深圳创益产业园的非晶硅百叶式光伏玻璃幕墙安装于建筑南面，安装面积 2200 m^2，功率为 60 kWp	

三、夏热冬冷地区高层办公建筑薄膜光伏幕墙综合效能研究意义

不同气候区对于建筑室内采光与能耗的规定有所不同，对半透明光伏玻璃的应用标准也存在差异。本章节及以后章节将以夏热冬冷地区的高层办公建筑薄膜光伏幕墙为例，重点关注采光与能耗的耦合关系、室内舒适光环境及薄膜光伏幕墙外围护结构形式对 BIPV 综合能效的影响。高层办公建筑中占比最大的功能空间为员工办公空间，讨论将围绕典型办公空间展开，通过其建筑室内物理环境性能控制的平衡，以获得最佳综合效能。

应用研究的典型案例范围主要选择武汉地区，其在光气候区上属于Ⅳ类，在热工分区上属于夏热冬冷地区，在太阳能资源分区上属于Ⅳ类地区。以武汉高层办公楼为例，主要讨论半透明薄膜光伏玻璃在建筑幕墙应用中对室内空间光环境的影响，综合考虑其对室内能耗和发电量的影响规律，尝试提出半透明薄膜光伏幕墙在武汉地区高层办公建筑应用中的适用性原则和方案优化策略，为我国夏热冬冷地区大多数城市提供借鉴和参考价值，促进光伏建筑一体化的发展。

夏热冬冷地区高层办公建筑薄膜光伏幕墙综合效能的研究意义在于：综合分析室内光环境与综合能效的变化规律，得出满足建筑不同等级光环境需求下光伏玻璃的特征参数，为光伏企业提供光伏建筑一体化应用中光伏玻璃的相关数据需求，促进光伏玻璃的标准化设计与生产的优化；为武汉地区高层办公建筑应用半透明薄膜光伏玻璃提供相关理论及基础数据支持，并为在不同地区或者不同类型的建筑应用提供研究方法。

第四节　半透明薄膜光伏幕墙的研究现状

一、国外研究现状

通过对相关文献进行研究发现，国外半透明薄膜光伏幕墙的研究热点主要集中在表 3-3 所示的几个类别。

表 3-3　国外半透明薄膜光伏幕墙的研究热点

类别	作者(年份)	主要内容	研究方法
半透明光伏玻璃与能耗的关系及应用潜力	Abubakr S. Bahaj(2008)	研究半透明光伏玻璃在中东地区建筑中的能耗。研究表明，半透明光伏玻璃相较于普通玻璃能使制冷能耗降低 31%，且光伏玻璃自身发电量可以满足室内用户的用电需求	采用软件模拟的方法研究建筑能耗

续表

类别	作者(年份)	主要内容	研究方法
半透明光伏玻璃与能耗的关系及应用潜力	Jong-Hwa Song(2008)	研究安装角度对薄膜光伏发电性能的影响。结果显示,当光伏玻璃安装角度超过70°时,随着角度的增加,光伏玻璃透光率会减小,降低光伏发电量	建立半透明薄膜光伏实验装置,通过调整光伏玻璃倾角进行实测研究
	Danny H W Li,Tony N T Lam(2009)	实测结果表明,当半透明光伏板和调光系统一起运行时,每年建筑照明能耗减少1203 MW,制冷能耗减少450 MW,二氧化钛、二氧化硫、氮氧化物和颗粒物年排放量分别减少了852 t、2.62 t、1.45 t和0.11 t,证明了光伏玻璃的节能潜力	对应用半透明非晶硅光伏玻璃的室内进行照度、太阳辐照度和发电量的实测
	Evelise Leite Didone(2013)	模拟巴西两个气候区不同朝向两种开窗形式下典型办公建筑中半透明光伏窗对室内采光的影响,并用软件模拟了室内能耗,证明了半透明光伏玻璃在巴西地区的应用潜力	采用DAYSIM和Radiance软件模拟室内采光影响,并用EnergyPlus软件模拟了室内能耗

续表

类别	作者(年份)	主要内容	研究方法
半透明光伏玻璃与能耗的关系及应用潜力	BuildingsPoh Khai Nga (2013)	在新加坡模拟了六种不同参数的半透明光伏玻璃分别在不同朝向及不同窗墙比下对建筑能耗的影响。研究表明,半透明光伏玻璃在无直射太阳光情况下仍具有发电潜力,且建筑能耗低于普通玻璃。但当光伏玻璃透光率小于10%时,会影响室内采光,应辅以人工照明	采用EnergyPlus软件模拟建筑能耗的影响,并将模拟结果与普通玻璃进行对比
不同半透明光伏玻璃材料性能对发电效率、建筑热舒适性及室内采光的影响	瑞士南部应用科学与艺术学院(2013)	在意大利北部的实验房中分别安装了非晶硅、微晶硅与铜铟硒三种半透明光伏玻璃并进行了室内舒适度及发电量实测。提出在光伏建筑设计中,应考虑人体热舒适性及照明能耗与发电量的平衡	在实验房中安装半透明光伏玻璃并进行了室内舒适度及发电量实测
	Olivieri L, Caamaño-Martin E, Olivieri F, Neila J (2014)	在马德里设计了测量装置系统,并进行为期一年的实验。实验结果表明,光伏玻璃的热工性能满足西班牙建筑技术规范中对建筑玻璃的要求,同时对室内采光和照明节能有积极影响,且透光率不是影响发电效率的决定性因素	设计测量光伏玻璃热工性能、采光性能以及发电性能的装置系统,并对不同透光率非晶硅光伏玻璃进行实验

续表

类别	作者(年份)	主要内容	研究方法
不同半透明光伏玻璃材料性能对发电效率、建筑热舒适性及室内采光的影响	Konstantinos Kapsis(2015)	研究显示，室内自然采光受照明控制系统与光伏玻璃光学性能的影响，应用10%透光率光伏玻璃的建筑总能耗最低，每年每平方米为5 kW·h	实验研究了商业建筑中不同光伏玻璃对室内采光、能耗的应用潜力
	Alessandro Cannavale, Laura Ierardia (2017)	研究了位于意大利南部的集成钙钛矿光伏玻璃办公室。结果表明，采用钙钛矿光伏玻璃窗相较于普通窗能耗下降了15%，证实了钙钛矿光伏玻璃在建筑中的应用潜力	实验研究集成钙钛矿光伏玻璃在办公室的应用
	Alessandro Cannavale, Maximilian Hörantner (2017)	模拟不同气候区的五个地点中的每平方米钙钛矿半透明光伏玻璃全年发电量，并得出在窗墙比19%与32%情况下室内的有效天然光照度与眩光值，将模拟结果与应用普通玻璃的办公模型对比。结果表明，相比于普通玻璃，钙钛矿半透明光伏玻璃的应用可以显著提高室内有效天然光照度并减小室内眩光，提高室内光环境舒适性，年发电量可以满足甚至超出人工照明所需电量，由此提出钙钛矿光伏电池在建筑应用中的潜力	建立办公室光伏窗模型，模拟每平方米钙钛矿半透明光伏全年发电量，并采用DAYSIM软件得出室内有效天然光照度与眩光值
不同地域气候下光伏玻璃采光和能耗的耦合作用	Young Tae Chae(2014)	以华盛顿地区中型商业大厦为研究模型，探讨了半透明光伏玻璃发电性能与光学参数对建筑能耗的影响。使用软件分别模拟了六个气候区下全年建筑能耗，得出半透明光伏玻璃在不同地域的节能性差异	使用软件分别模拟了六个气候区的全年建筑能耗

续表

类别	作者(年份)	主要内容	研究方法
不同地域气候下光伏玻璃采光和能耗的耦合作用	Dominika Kneraa, Eliza Szczepań ska-Rosiaka(2015)	结果表明,电能的光伏建筑一体化覆盖补充照明只有在南向才能完全满足冬季照明能耗需求,东向与西向在9月、10月、2月的下半月和3月为人工照明产生足够的能源	利用仿真工具ESP-R和DAYSIM软件对一个典型的办公室房间进行了分析
	Sorgato M J, Schneider K, Rüther R (2018)	通过分析得出不同气候区对建筑能耗的影响	分析巴西六个城市的四层商业建筑立面应用碲化镉薄膜光伏组件的月能耗
光伏幕墙面积与外观形式对能耗的影响	肯高迪亚大学(2009)	结果表明,在80%～90%光伏玻璃覆盖率情况下,发电量与照明能耗的平衡值较高;西南与南面朝向光伏窗净发电量区别较小,建议优先选择西南朝向和南朝向;对光伏发电系统的遮挡会导致年净发电量减少32%,建议避免遮挡情况发生;相较于被动照明,连续调光措施使能耗减少了85%,主动调光措施使能耗减少了67%,建议采用连续调光措施	采用模拟的方法,研究了朝向、光伏玻璃面积、阴影及调光措施对室内净发电量的影响

续表

类别	作者(年份)	主要内容	研究方法
光伏幕墙电池颜色对建筑室内光环境的影响	Nandar Lynn (2012)	通过实验测试,得出中性色非晶硅玻璃的显色指数均为90以上,具有良好的显色性,而红色与蓝色光伏模块均低于90。采用卤素灯与自然光源测量同种非晶硅光伏玻璃,分别得到98与93的显色指数,得出两种光源都具有良好显色性。提出了光伏玻璃窗应考虑用显色性这一因素来评价视觉舒适性及审美的观点	采用CIE颜色测试方法,用分光光度计检测不同入射角下非晶硅光伏样品的显色指数
	Olivieri L, Caamaño-Martin E, Olivieri F, Neila J(2014)	模拟不同窗墙比下光伏玻璃对能耗及视觉舒适性的影响。结果表明,光伏玻璃相比于普通玻璃节能潜力为18%~59%,且减少了眩光的产生	采用Optics和Window软件计算光学热工特性。通过DesignBuilding、EnergyPlus和Comfen软件模拟对能耗及视觉舒适性的影响
	Kapsis K, Dermardiros V, Athienitis A K (2015)	对加拿大多伦多市一个朝南典型办公室进行模拟。结果表明,当光伏玻璃透光率为30%时,可以满足室内光环境要求,且当透光率大于该数值时,会减少发电量及眩光	模拟办公室内三种具有透光性能的光伏玻璃对室内有效天然光百分比与眩光值的影响

续表

类别	作者(年份)	主要内容	研究方法
光伏幕墙电池颜色对建筑室内光环境的影响	Seung-Yeop Myong, SangWon Jeon(2015)	对六种不同颜色非晶硅光伏玻璃进行研究,得出可通过改变背板玻璃颜色或PVB胶片颜色来改变光伏玻璃颜色,且蓝色光伏玻璃可以更好地符合天空背景下的审美需求	采用CIE三维颜色空间进行分析
	Niccolo Aste, Lavinia Chiara Tagliabue (2015)	实测研究了在米兰地区晴天和阴天工况下,黄色外观光伏玻璃对室内色温及显色性的影响。结果表明,该光伏玻璃与普通透明玻璃组合,晴天时提高了室内色温,降低了显色性,对室内视觉舒适性造成影响,应采取遮阳措施避免直射光,并提出将室内光色作为视觉舒适性评价标准之一	对不同工况进行实测研究
	Andrića L, Pinaa A P, Ferrãoa J, Fournierb B, Lacarrièrec O L(2017)	对比半透明非晶硅光伏玻璃和钙钛矿光伏玻璃的发电效率与视觉舒适性。结果表明,光伏玻璃可以降低太阳得热,从而减少空调能耗,非晶硅光伏玻璃相比钙钛矿光伏玻璃具有更稳定的弱光发电性能,在太阳辐射较低的情况下,仍然可以产生电能,钙钛矿光伏玻璃的中性颜色提供了更好的视觉舒适性,同时也避免了室内过度采光	对不同玻璃的发电效率与视觉舒适性进行实验模拟
	Astea N, Buzzettia M, Del Peroa C (2017)	实验对比分析黄色、橙色和红色光伏玻璃集成在窗上部对室内视觉舒适性的影响。研究表明,黄色外观的玻璃在建筑应用中最适于改善视觉舒适性	对不同光伏玻璃室内视觉舒适性进行实验对比

二、国内研究现状

通过对相关文献进行分析整理可知，国内研究半透明薄膜光伏幕墙的文献研究热点主要集中在表 3-4 所示的几个类别。

表 3-4 国内半透明薄膜光伏幕墙的研究热点

类别	作者(年份)	主要内容	研究方法
半透明光伏玻璃材料性能对能耗的影响	中国科学技术大学—裴刚(2009)	研究单层光伏玻璃、双层封闭式光伏玻璃和双层通风光伏玻璃的热工性能。结果显示，双层通风光伏玻璃相较于单层光伏玻璃和双层封闭式光伏玻璃，室内的热量分别减少了 76%和 56%，具有良好的热工性能	在香港地区建立实测模型，研究不同光伏玻璃的热工性能
	山东建筑大学—赵腾飞(2013)	对不同透射率玻璃室内采光系数进行模拟，并确定符合规范要求的室内采光情况下玻璃的透射率范围	运用 Ecotect 软件进行模拟
	西南交通大学—黄启明(2014)	选取 10%、20%、30%、40%透光率的非晶硅光伏玻璃，就居住建筑东西方向卧室的采光系数、全自然采光时间百分比和有效天然采光照度与普通窗进行对比分析，得出不同透光率光伏玻璃对室内光环境的影响	采用 Ecotect 软件与 DAYSIM 软件进行模拟分析

续表

类别	作者(年份)	主要内容	研究方法
单晶硅光伏玻璃对室内光环境和能耗的综合作用	曹彬，朱颖心(2010)	得出最满意的照度范围为1500～3000 lx。其中,在1000～1200 lx范围内,满意度最高	回归得出室内光照度与满意度的函数
	天津大学—李卓(2014)	通过模拟得到各朝向上分别考虑光环境、能耗以及综合考虑下的最优覆盖比。提出优化方案,并与普通玻璃与单层透明玻璃、高透型Low-E玻璃对比节能量,证明了单晶硅光伏玻璃的应用潜力	通过改变单晶硅光伏玻璃的覆盖率,模拟出全自然采光时间百分比和有效照度
	河北工业大学—王静(2014)	通过实测分别得出室外照度、有无双层玻璃幕墙、房间位置高度、幕墙夹层内置遮阳倾角对室内照度的影响,采用软件模拟探究了幕墙设计参数(朝向、内幕墙窗台高度、内幕墙窗户外形、内幕墙窗墙比、玻璃透光率、空气夹层宽度)对室内照度及照度均匀度的影响,得出以上几种影响因素对室内照明能耗的影响	通过实测得出室内照度的影响因素,并采用软件模拟进一步探究幕墙设计参数

续表

类别	作者(年份)	主要内容	研究方法
单晶硅光伏玻璃对室内光环境和能耗的综合作用	李志红(2015)	研究了全阴天工况下卧室窗墙比、地面面积、房间进深、外遮阳出挑长度对室内平均采光系数的影响。试验结果表明,全阴天工况下,室内平均采光系数的影响显著度为建筑进深大于窗墙比、地面面积,全阴天情况下外遮阳出挑长度变化对室内光环境影响不显著,并得出优化建议	通过运用Ecotect软件和Grasshopper软件中的Geco插件模拟研究不同情况对室内平均采光系数的影响
	华中科技大学—廖维(2015)	模拟研究了武汉地区办公建筑中晶体硅覆盖率、窗墙比、进深、层高、开窗高度、房间开间宽度等因素对室内照度及能耗的影响,并提出设计优化方案	建立了晶体硅光伏玻璃一维传热模型和发电模型,并采用EnergyPlus软件进行模拟
	河北工业大学—周颖,金凤云,杨华,刘联胜,王静(2015)	模拟计算了幕墙相关设计参数对建筑室内光环境的影响,并通过分析建筑室内照度及照度均匀度的变化规律得出相关优化方案	针对天津某双层玻璃幕墙办公建筑,利用Radiance静态光环境模拟软件模拟计算

续表

类别	作者(年份)	主要内容	研究方法
单晶硅光伏玻璃对室内光环境和能耗的综合作用	安徽建筑大学—查全芳(2015)	模拟采光口的设计因素(窗墙比、窗台高、窗户外形、遮阳板不同外挑长度)对建筑室内不同进深自然采光(采光系数)的影响,并进行优化设计研究	采用Ecotect软件进行模拟
	Wei Liao, Shen Xu (2015)	探究在应用半透明非晶硅光伏玻璃的情况下,武汉地区办公建筑的房间进深、房间高度、房间宽度、窗户高度以及窗墙比对室内能耗的影响。证明了透明非晶硅光伏玻璃比单层玻璃具有更大的应用潜力,且更适用于窗墙比更大、层高更高及进深更浅的房间	建立热工计算模型并通过现场实验和模拟验证了半透明非晶硅光伏玻璃的热工性能
光伏幕墙设计中实验方法和计算模型优化	天津大学—陈红兵(2015)	模拟得出室内照度与距墙距离和透光率、窗台高、窗墙比、窗户外形分别对应的数学计算模型,最后分析各参数对能耗的影响,得出最终函数模型	建立对应的数学模型,采用Radiance软件进行模拟,并通过TRNSYS软件进行分析
	陈红兵,李德英,邵宗义(2006)	通过实验,分别验证了窗墙比、窗台高和透光率对室内照度分布的影响,分析了产生各种误差的原因,结果表明误差均在可接受范围之内	建立了办公室实验模型,并提出用天然采光系数替代照度进行实验验证

续表

类别	作者(年份)	主要内容	研究方法
光伏幕墙设计中实验方法和计算模型优化	东南大学—穆艳娟(2015)	通过模拟实验得出南京地区光环境优化模型方案,通过能耗模拟软件验证了优化方案的可行性,最后验证三段式百叶窗系统的可行性,为南京地区办公建筑的光环境优化设计提供了思路	采用 Ecotect、Desktop Radiance 和 VELUX 软件得出光环境优化方案,并通过 EnergyPlus、Matlab 软件模糊控制模块和 Simulink 软件模拟模块研究可行性
	吴子敬(2016)	联动构建分析模型的方式,对不同气候区、不同朝向、不同窗墙比、不同窗户外形和不同窗台高几种影响参数分别进行组合模拟,得出各影响因素组合情况下对室内采光及能耗的影响规律,并提出优化建议	采用 Radiance、EnergyPlus 与 Grasshopper (DIVA for GH) 软件进行模拟
	华南理工大学—倪蔚超(2016)	通过对建筑朝向、进深、层高、开窗大小、遮阳形式、采光形式、材料、家具设置、照明设计、玻璃透射比等因素进行光环境模拟分析,得出不同因素对室内光环境的影响规律	分别采用动态模拟和静态模拟的方法进行光环境模拟分析

续表

类别	作者(年份)	主要内容	研究方法
半透明光伏幕墙设计中发电模型与物理环境控制优化	Lin Lu, Kin Man Law(2013)	采用香港地区天气数据模拟了典型办公室不同朝向的综合能效。研究表明,在考虑综合能效的情况下,东南向为该地区最佳朝向,相比于透明玻璃,减少了室内65%的热量	建立了半透明光伏一维瞬态热工模型、发电模型和室内照度模型,并采用天气数据模拟综合能效
	Jinqing Peng, Lin Lu (2015)	通过在室内和室外测量非晶硅电池相关数据,确定了Sandia发电模型经验系数,预测了非晶硅光伏组件动态功率输出。研究表明,Sandia发电模型可以准确预测晴天工况下非晶硅光伏组件的能量输出,但在阴天工况下有一定误差,建议纳入光谱校正函数修正阴天预测模型	通过相关数据,模拟预测光伏组件动态功率输出

三、现有研究局限性

根据文献综述可知,目前相关研究主要存在以下局限性。

①现有研究多关注光伏玻璃自身热工性能及发电性能对室内能耗的影响,或仅仅探究其对室内光环境质量改变的影响,即多采用单因素及单目标分析,综合考虑不足。但在光伏幕墙设计过程中,迫切需要找到既能满足室内光环境要求,又能使能耗水平达到最低的平衡点。

②目前国内光伏玻璃研究对象主要为晶体硅,而关于半透明薄膜光伏

幕墙的研究主要来自国外，国内薄膜太阳能电池产品的基础数据缺乏整合和统一标准，并且由于地域位置和气候条件的差异，其研究结果无法给我国夏热冬冷地区提供准确参考。

③研究对象多以半透明光伏窗作为对象，其应用形式与对室内采光与能耗的影响，跟大面积光伏幕墙相比存在差异。

四、研究内容与方法

（一）主要内容

①对半透明光伏幕墙的发展现状进行了综合研究。通过文献查阅及现场调研，分析了现有不同种类薄膜光伏电池的技术原理、市场概况及相关参数，分别介绍了薄膜光伏玻璃的构造类型、产品规格与外观特性，同时对现有幕墙结构选型进行了归纳整理，收集了大量现有薄膜光伏幕墙案例，为本次研究提供实践应用基础。

②分别对几种典型透光率的半透明薄膜光伏玻璃的室内光环境进行了实测实验及模拟分析，提出其在高层办公建筑应用中的适用范围。采用色温及显色指数定量评价了几种不同颜色特性的薄膜光伏玻璃对室内光色环境的影响，提出灰色原色光伏玻璃更适用于对颜色识别要求较高的办公空间。采用照度和全自然采光时间百分比两种评价指标定量分析得出幕墙不同朝向上满足天然采光条件时的光伏透光率要求范围，并提出将半透明薄膜光伏玻璃与传统中空玻璃组合使用以达到室内光环境要求的方法。

③分析了几种采用传统玻璃替换薄膜光伏玻璃的应用形式对室内光环境的影响，得出替换形式优化方案。通过现有案例提取几种典型替换形式，采用全自然采光时间百分比分别评价其在不同朝向上采用相同替换率对室内光环境的影响，运用插值法得出不同工况下满足室内光环境基本要求与满足理想光环境要求下的替换率。根据分析可知，在同等光环境条件下，纵向居中替换形式下所需替换的光伏玻璃面积最少，为之后的建筑设计应用方案优化提供参考。

④分析了三种透光率薄膜光伏玻璃在不同朝向采用纵向居中替换形式时，不同替换率对室内能耗的影响。结果表明，随着中空玻璃替换率的增

加，室内综合能效呈线性增长的趋势。

⑤综合考虑室内光环境与综合能效的影响规律，提出优化应用方案，并对比分析了不同透光率光伏玻璃在各个朝向上满足不同光环境要求时的空调能耗、发电量以及相对于传统中空玻璃幕墙的节能率，得出光伏材料选型建议，为之后的光伏幕墙设计提供数据及理论支持。

（二）研究方法

①文献研究：通过国内外高校图书馆、互联网及国际文献数据库广泛搜集国内外相关课题资料，内容包括国内外光伏市场发展概况、高层办公建筑相关规范、空间光环境评价指标等，并将搜集到的文字、图表和图片等材料按需进行分类整理、分析和归纳，为本书的写作提供必要的理论基础和支持。

②实验实测：采用缩尺模型实验法，在武汉地区某开阔场地建立光伏玻璃室内光环境研究装置，分别对不同透光率光伏玻璃的室内工况进行实测分析，得到各测点的照度、色温及显色性相关数据。采用照度数据验证了模拟软件 Radiance 的准确性与可靠性，色温及显色指数数据为研究提供数据支撑。

③现场调研：通过实地调研国内现有光伏生产商及应用薄膜光伏幕墙的建筑，获得相关产品技术资料和建筑概况，为本次研究提供基础资料。

④数值模拟：为定量分析室内光环境和室内综合能效，采用 Radiance 和 DAYSIM 软件对建筑室内光环境照度及全自然采光时间百分比进行模拟，采用 EnergyPlus 软件对建筑室内采暖制冷能耗、照明能耗等进行模拟，采用 PVsyst 软件对光伏玻璃年发电量进行模拟，由此得到相关研究数据。

⑤对比研究：通过将实验实测数据与软件模拟数据进行对比分析，得到模拟软件对此次研究的可靠性及适用性。同时对比分析了不同工况下的光环境及能耗数据，得出相关结论。

由于国内市场上非晶硅薄膜光伏电池占比达 1/3 以上，相比于铜铟镓硒、碲化镉和染料敏化光伏电池，技术发展更加成熟，且其外观特性与其他薄膜光伏玻璃具有相似性，因此，本书将采用非晶硅薄膜光伏电池作为研究对象，来探究其应用于武汉地区时对室内光环境及室内能耗的影响。基于节能性的考虑，选用中空光伏玻璃组件；基于采光均匀性及视野连续性的考虑，选用点（线）透式非晶硅薄膜光伏电池组件，以此进行进一步研究。

第四章　薄膜光伏玻璃室内光环境的适用性

本章分别对几种典型半透明非晶硅薄膜中空光伏玻璃(简称光伏玻璃)在武汉地区光伏幕墙上的应用进行了适用性评价。首先,采用实验实测的方式得到几种典型光伏玻璃样品的光学热工参数;其次,根据相关规范确定了本次研究的办公空间基本模型;然后,采用实验实测的方式,以色温、显色指数作为评价指标评价不同颜色的光伏玻璃对室内光色环境的影响;最后,采用软件模拟的方法,以照度和全自然采光时间百分比作为评价指标,探讨了不同透光率光伏玻璃对室内光环境的影响,确定了其在武汉地区高层办公建筑幕墙上的适用范围。

第一节　光伏玻璃参数研究

由于本章主要探讨不同透光率光伏玻璃对室内光环境的影响,因此光学参数的确定是本次研究的首要任务。而现有光伏玻璃生产厂家所提供的相关光学参数无法达到本次研究的精度要求,因此,笔者将在本节对光伏玻璃电池层(含 PVB)进行实验检测,并将所测数据导入美国劳伦斯伯克利国家实验室的 Optics 软件和 WINDOW 7.6 软件中进行计算,以此得到本次研究中光伏玻璃样本所需参数。

通过对光伏玻璃生产厂家进行实地调研,笔者获得了 10%、20%、30% 三种灰色原色光伏玻璃样品和棕色、绿色两种特殊颜色光伏玻璃样品,其结构示意图如图 4-1 所示。

根据光伏玻璃样品外观特征,分别将其命名为 10T、20T、30T、30T-brown、30T-green。前面三种为灰色原色光伏玻璃,其 PVB 胶层为无色;后面两种采用 30T 光伏电池片并分别层压了棕色和绿色两种 PVB 胶片,从而

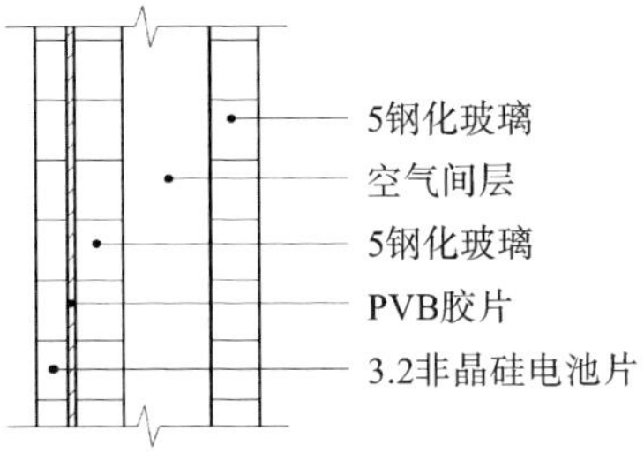

图 4-1　半透明非晶硅薄膜中空光伏玻璃结构示意图

（图片来源：作者自绘）

产生不同的颜色特性。五种典型光伏玻璃外观表现如图 4-2 所示。

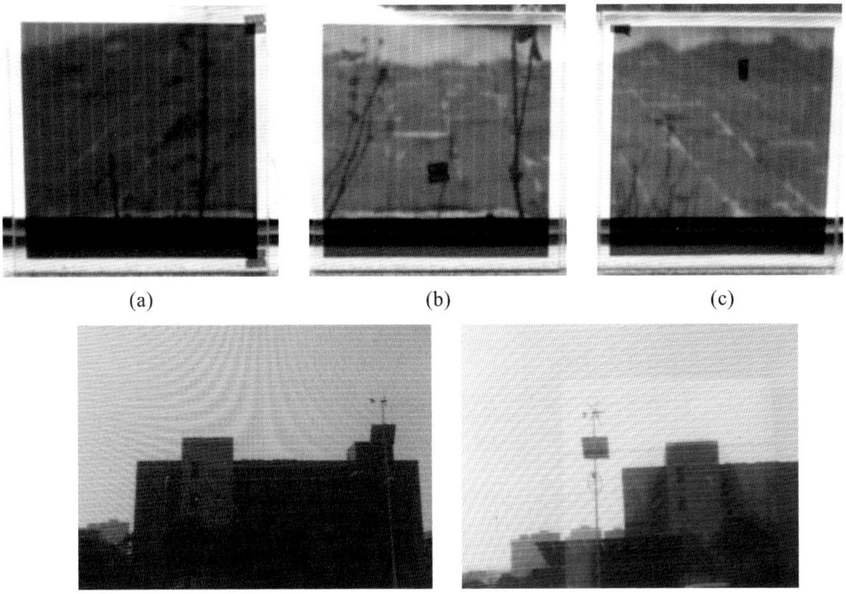

(a)　(b)　(c)

(d)　(e)

图 4-2　五种典型光伏玻璃外观表现

(a)10T 光伏玻璃；(b)20T 光伏玻璃；(c)30T 光伏玻璃；

(d)30T-brown 光伏玻璃；(e)30T-green 光伏玻璃

（图片来源：作者自摄）

为得到光伏玻璃样品光学性能参数，现采用铂金埃尔默股份有限公司生产的 Lambda 900 紫外—可见—红外分光光度计对以上光伏玻璃样品分别进行光学参数实测，检测设备如图 4-3 所示。

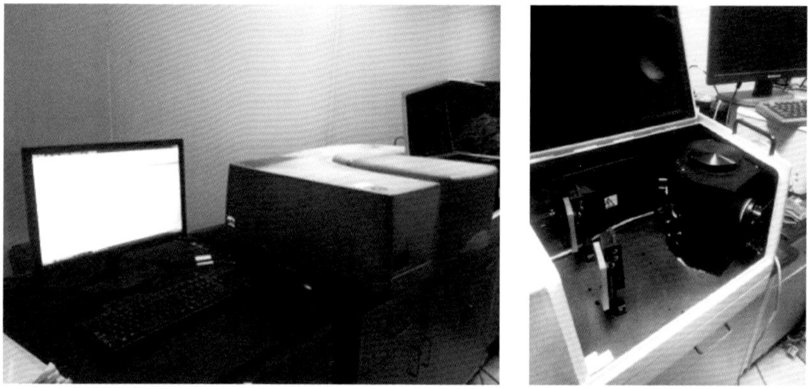

(a)　　(b)

图 4-3　Lambda 900 紫外—可见—红外分光光度计

(a)检测设备外观；(b)检测设备内部

(图片来源：作者自摄)

通过检测，分别得到不同类型光伏玻璃在 0.3～2.5 μm 波段的光谱分布图，如图 4-4 所示。

从光谱图可以看出，这几种光伏玻璃样品的透射率与反射率变化趋势相似。在可见光波段(0.38～0.76 μm)透射率越大，样品透光率越大。30T-green 和 30T-brown 两种样品因为颜色特性，透射率曲线在可见光波段形成一定变化。相比于灰色原色光伏玻璃样品，绿色光伏玻璃样品透射率在可见光波段 0.6～0.7 μm 呈减小趋势，而棕色光伏玻璃样品透射率在可见光波段 0.4～0.7 μm 时小于透明样品。

将测得的光谱数据通过文件编译，导入 Optics 软件中，进行多层玻璃组合并计算整体玻璃系统光学参数。操作界面如图 4-5 所示。

热工参数采用 WINDOW 7.6 软件计算，操作界面如图 4-6 所示。

根据实验实测及软件计算数据统计，得出五种光伏玻璃相关参数性能，为之后的软件模拟分析提供更为精确的数据支撑。相关参数如表 4-1 所示。

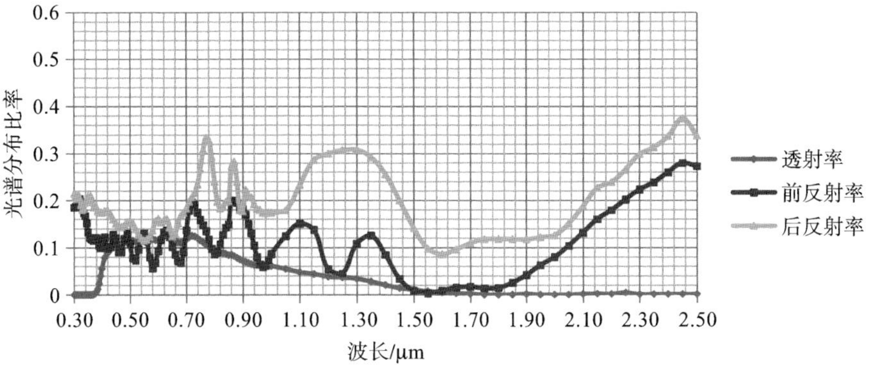

(a)

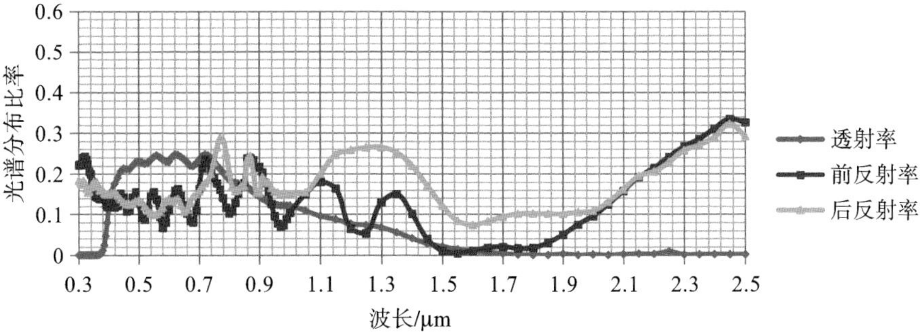

(b)

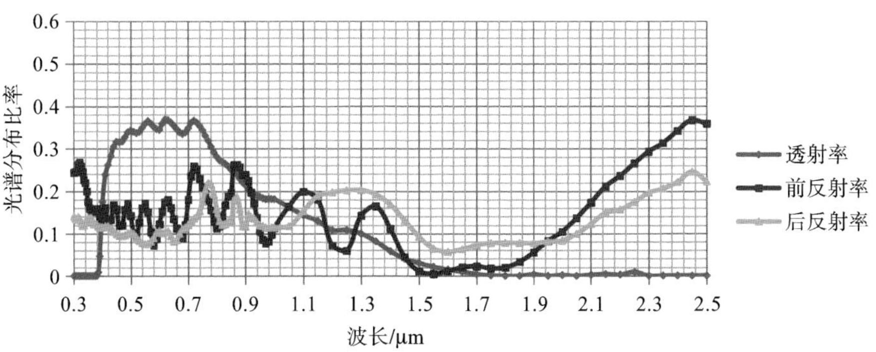

(c)

图 4-4 五种半透明非晶硅薄膜光伏玻璃光谱分布图

(a)10T 光伏玻璃光谱分布图；(b)20T 光伏玻璃光谱分布图；(c)30T 光伏玻璃光谱分布图；(d)30T-green 光伏玻璃光谱分布图；(e)30T-brown 光伏玻璃光谱分布图；(f)五种光伏透射率光谱分布图

(图片来源：作者自绘)

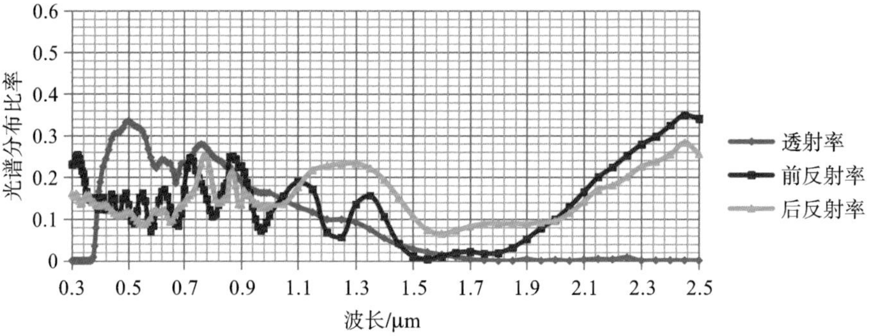
光谱分布比率
0.6
0.5
0.4
0.3
0.2
0.1
0
0.3 0.5 0.7 0.9 1.1 1.3 1.5 1.7 1.9 2.1 2.3 2.5
波长/μm
透射率
前反射率
后反射率

(d)

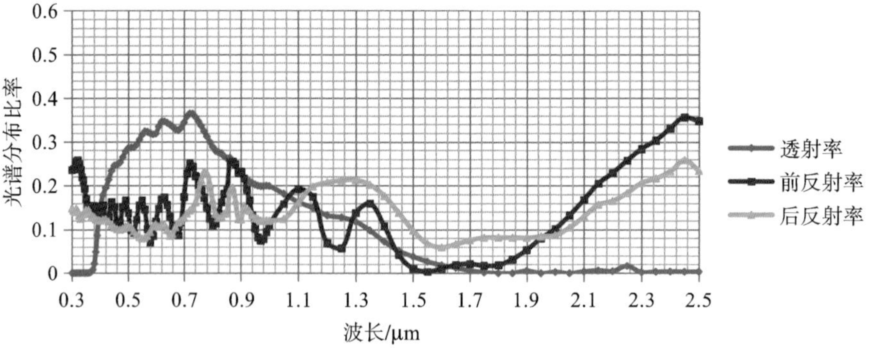
光谱分布比率
0.6
0.5
0.4
0.3
0.2
0.1
0
0.3 0.5 0.7 0.9 1.1 1.3 1.5 1.7 1.9 2.1 2.3 2.5
波长/μm
透射率
前反射率
后反射率

(e)

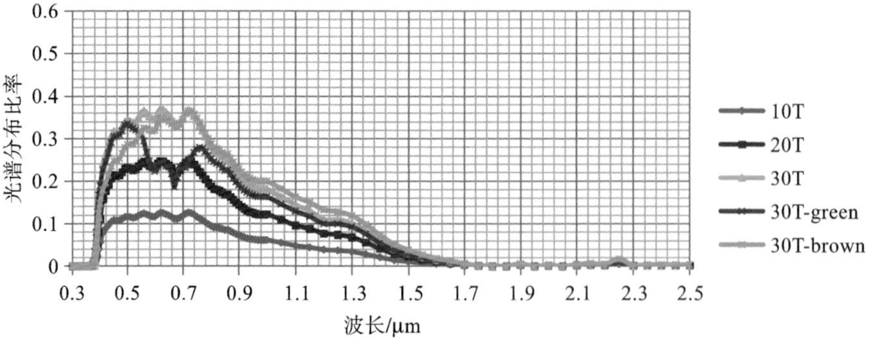
光谱分布比率
0.6
0.5
0.4
0.3
0.2
0.1
0
0.3 0.5 0.7 0.9 1.1 1.3 1.5 1.7 1.9 2.1 2.3 2.5
波长/μm
10T
20T
30T
30T-green
30T-brown

(f)

续图 4-4

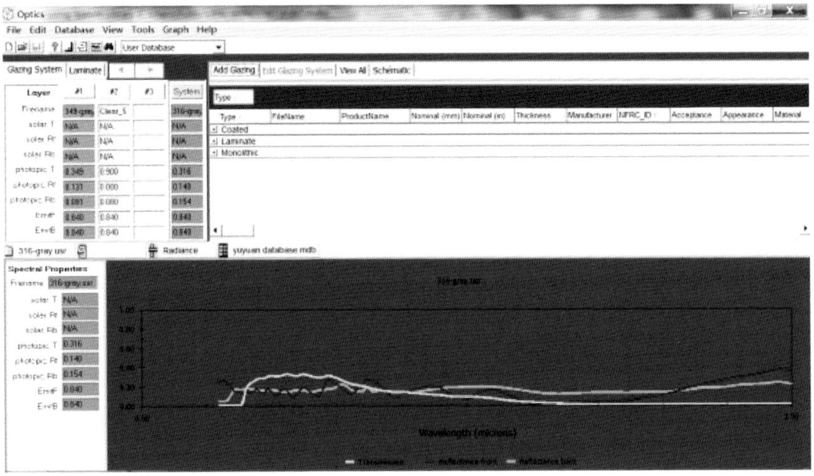

图 4-5　Optics 软件界面图

（图片来源：作者自绘）

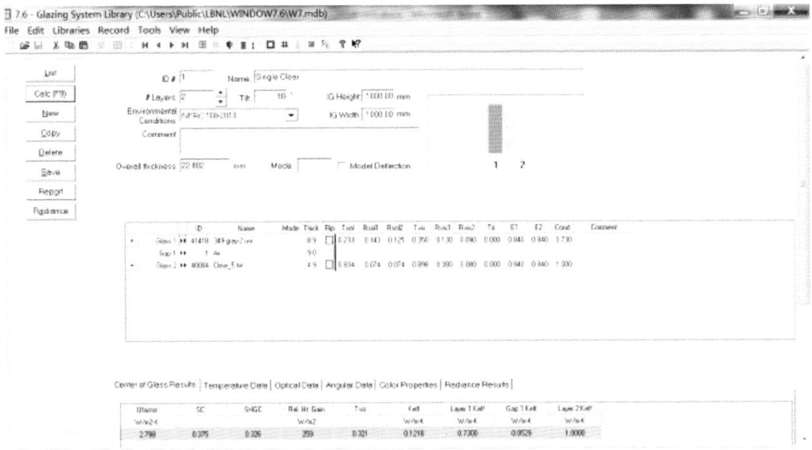

图 4-6　WINDOW 7.6 软件界面图

（图片来源：作者自绘）

表 4-1　五种典型半透明非晶硅薄膜光伏玻璃相关参数

玻璃类型	透射率	前反射率	后反射率	太阳透射率	前太阳反射率	后太阳反射率	太阳得热系数	热导/(W/K)	厚度/mm
10T	0.109	0.117	0.185	0.068	0.104	0.209	0.220	2.816	22.960
20T	0.216	0.144	0.169	0.135	0.128	0.189	0.273	2.816	22.960
30T	0.321	0.164	0.147	0.200	0.144	0.161	0.326	2.816	22.960
30T-green	0.268	0.153	0.158	0.167	0.135	0.175	0.300	2.816	22.960
30T-brown	0.284	0.157	0.150	0.193	0.139	0.165	0.320	2.816	22.960
双层中空玻璃	0.813	0.145	0.145	0.705	0.127	0.127	0.764	2.853	19.000

表格来源：作者自绘。

第二节　高层办公空间基础模型参数设定

根据《办公建筑设计标准》(JGJ/T 67—2019)规定：有集中空调设施并有吊顶的单间式和单元式办公室净高不应低于 2.50 m；无集中空调设施的单间式和单元式办公室净高不应低于 2.70 m；有集中空调设施并有吊顶的开放式和半开放式办公室净高不应低于 2.70 m；无集中空调设施的开放式和半开放式办公室净高不应低于 2.90 m；走道净高不应低于 2.20 m，储藏间净高不宜低于 2.00 m。依据现有设计施工经验值，梁高可控制在500 mm以内，设备层高度为 500 mm，楼板层加饰面层厚度 200 mm。综合考虑以上条件，笔者将本次研究的办公建筑基础模型层高定为 3900 mm。在此情况下，满足夏热冬冷地区公共建筑窗墙比不大于 0.7 的规范要求。

从图 4-7 可知，在现有办公建筑的设计中，室内主要功能空间多以一个柱网空间作为分隔。考虑到模块化设计的典型性及实验精确度，现采用 8400 mm 的经济柱网，并选用一个柱网空间作为本次研究的基础模型，使之既可以作为独立办公空间，又可以看作开敞大空间下的隔断小单元。

在自然采光有效进深方面，现有研究理论主要分为两种：一种为单侧采

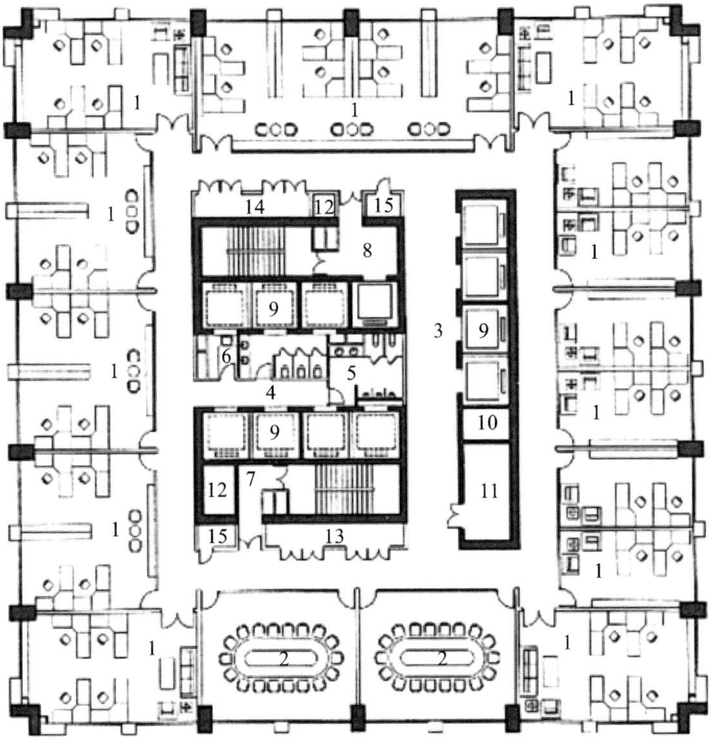

1.办公室　2.会议室　3.电梯厅　4.走道　5.卫生间
6.茶水间　7.前室　8.合用前室　9.电梯井　10.新风管井
11.空调机房　12.排烟井道　13.强电间　14.弱电间　15.水管井

图 4-7　高层办公建筑标准层

(图片来源:《建筑设计资料集 3(第三版)》)

光的房间进深不大于窗口上沿至地面距离的 2 倍;另一种则是以工作面到采光口上沿高度 2.5 倍计算进深。以此次设计的采光口高度为 2700 mm 计算,这两种理论分别得出的进深距离为 5400 mm 和 4900 mm。综合考虑两种结果,本次建筑模型将采用 5100 mm 作为研究侧面自然采光的办公空间进深。至此,典型办公建筑空间模型参数已经确定,其外观如图 4-8 所示。

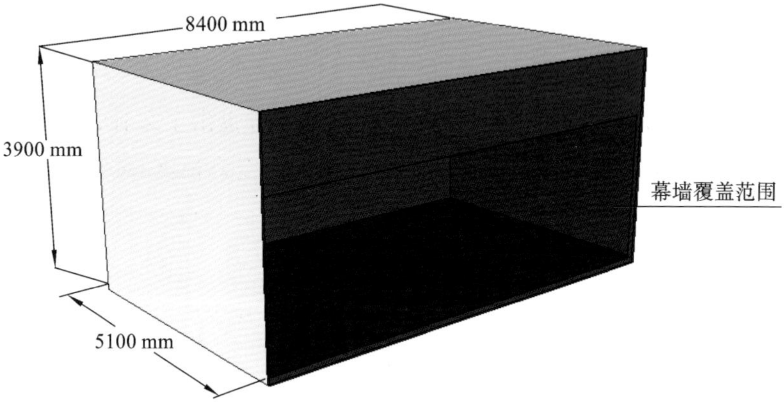

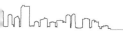

图 4-8　典型高层办公建筑空间

（图片来源：作者自绘）

第三节　建筑自然采光环境评价指标综述及选择

一、建筑天然光环境评价方法

现有天然光环境研究方法主要分为主观评价与客观测试。主观评价主要是通过对调查对象采用问卷调查等方式，从而得到光环境对人体舒适度和视觉满意度等方面的数据，并进行量化分析的方法。其实验结果容易受到调查对象自身因素影响，且需要大量样本数据支持。

客观测试分为两种。一种方法为缩尺模型，是指将研究对象根据原实验条件以一定比例缩小得到模型，在模型上进行数据测试。由于其所测数据是在真实条件下得到的，因此具有可靠性，该方法被广泛应用于对模拟结果进行验证。但此方法由于受到操作时滞性影响，因此实验结果会产生一定误差。另一种方法为软件模拟，通过设定相关参数，可模拟计算出照度、采光系数、眩光、全自然采光时间百分比等量化指标，还能将量化结果处理为可视化图像，具有易操作控制且不受时间等外部条件限制的优点，因此在光环境研究中被广泛采用。

二、建筑天然光环境评价指标及阈值

在国内外的规范和研究中，对建筑光环境评价提出了多种评价指标，如静态评价指标中的照度、采光系数、照度均匀度、室外视野、炫光、色温和显色指数等；动态评价指标中的全自然采光时间百分比（daylight autonomy，DA）、最大全自然采光时间百分比（DA_{max}）、连续全自然采光时间百分比（DA_{con}）和有效自然光照度（useful daylight illuminance，UDI）等。笔者对现有光环境相关规范进行综述，总结了部分相关评价指标及阈值范围，具体如下。

（一）静态评价指标

静态评价指标主要是针对具有代表性的某一时间状态，如采用春分、夏至、秋分、冬至日来作为代表全年状态的典型日。这类指标只考虑了单一时刻，若使用该类指标进行全面评价，将需要执行大量静态模拟。

1. 照度

照度指入射在包含该点的面元上的光通量除以该面元面积所得之商。虽然无法直接反映出人眼所感受的光线量，但由于其测量的便利性，大部分评价标准都将其作为基本评价指标。现有规范对办公建筑照度评价指标相关规范阈值如表 4-2 所示。

表 4-2 办公建筑照度评价指标相关规范阈值

相关规范	阈值规定
《建筑采光设计标准》（GB 50033—2013）	办公建筑室内天然光照度标准值（侧面采光）：设计室、绘图室 600 lx，办公室、会议室 450 lx，复印室、档案室 300 lx，走道、楼梯间、卫生间 150 lx
《办公建筑设计标准》（JGJ/T 67—2019）	办公建筑室内天然光照度标准值（侧面采光）：设计室、绘图室 600 lx，办公室、会议室 450 lx，复印室、档案室 300 lx，走道、楼梯间、卫生间 150 lx； 办公建筑室内天然光照度标准值（顶部采光）：设计室、绘图室 450 lx，办公室、会议室 300 lx，复印室、档案室 150 lx，走道、楼梯间、卫生间 75 lx

续表

相关规范	阈值规定
《建筑照明设计标准》(GB 50034—2013)	办公建筑照明标准值:视频会议室 750 lx,高档办公室、设计室 500 lx,普通办公室,会议室,服务大厅,营业厅,文件整理室、复印室、发行室 300 lx,接待室,前台,资料室、档案存放室 200 lx
《健康建筑评价标准》(T/ASC 02—2016)	室内人员长时间停留场所,墙面的平均照度不应低于 50 lx,顶棚的平均照度不应低于 30 lx;主要功能空间至少 75%面积比例区域的天然光照度值不低于 300 lx,时数平均不少于 4 h/d
WELL 健康建筑标准	背景照明系统在水平地面上 0.76 m 处至少保持 215 lx 平均照度,并能独立满足以上照度;背景照度低于 300 lx,需照明灯具提供 300～500 lx 照度
美国的 LEED(leadership in energy and environmental design,能源与环境设计先锋)标准	在全晴天条件下,秋分日 9 月 21 日 9:00 和 15:00,至少 75%的建筑经常使用区域需要满足天然采光照度的最低要求 269 lx,并且照度不能超过 5380 lx
英国建筑研究院环境评估方法	室内平均照度至少有 300 lx
新加坡绿色建筑评价标准(GM-Certification-Std)	至少 75%的室内面积能够满足最小照度水平。离采光口大于等于 3 m 范围满足以上要求打 1 分;离采光口 4.0～5.0 m 满足以上要求时打 2 分;离采光口大于 5 m 时满足以上要求打 3 分;同时当室内 80%的面积都可满足以上要求时,每项增加 0.5 分

表格来源:作者自绘。

2. 采光系数

采光系数是指在室内参考平面上的一点,由直接或间接地接收来自假定和已知天空亮度分布的天空漫射光而产生的照度与同一时刻该天空半球在室外无遮挡水平面上产生的天空漫射光照度之比。

采光系数根据光气候区不同有所差异，本书研究地点位于武汉，属于Ⅳ类光气候区，现有规范对办公建筑采光系数规定阈值如表4-3所示。

表4-3　办公建筑采光系数评价指标相关规范阈值

相关规范	阈值规定
《建筑采光设计标准》(GB 50033—2013)	办公建筑的采光系数标准值(侧面采光)：设计室、绘图室4.0%，办公室、会议室3.0%，复印室、档案室2.0%，走道、楼梯间、卫生间1.0%
《绿色建筑评价标准》(GB/T 50378—2019)	公共建筑按下列规则分别评分并累计：①内区采光系数满足采光要求的面积比例达到60%，得3分；②地下空间平均采光系数不小于0.5%的面积与地下室首层面积的比例达到10%以上，得3分；③室内主要功能空间至少60%面积比例区域的采光照度值不低于采光要求的小时数平均不少于4 h/d，得3分。 主要功能房间有眩光控制措施，得3分
《办公建筑设计标准》(JGJ/T 67—2019)	办公建筑的采光系数标准值(侧面采光)：设计室、绘图室4.0%，办公室、会议室3.0%，复印室、档案室2.0%，走道、楼梯间、卫生间1.0%； 办公建筑的采光系数标准值(顶部采光)：设计室、绘图室3.0%，办公室、会议室2.0%，复印室、档案室1.0%，走道、楼梯间、卫生间0.5%
英国建筑研究院环境评估方法	采光系数达到2%及以上的最小面积为80%

表格来源：作者自绘。

3.照度均匀度

照度均匀度是规定表面上的最小照度与平均照度之比，表征了工作面上最低照度与平均照度的差异程度。现有规范对办公建筑照度均匀度规定如表4-4所示。

表 4-4　办公建筑照度均匀度评价指标相关规范阈值

相关规范	阈值规定
《建筑照明设计标准》(GB 50034—2013)	普通办公室、高档办公室、会议室、视频会议室、设计室不低于 0.6，接待室、前台，服务大厅、营业厅，文件整理、复印、发行室，资料、档案存放室不低于 0.4
《健康建筑评价标准》(T/ASC 02—2016)	顶部采光均匀度不应低于 0.7，侧面采光均匀度不应低于 0.4
英国建筑研究院环境评估方法	照度均匀度至少 0.3，或是相关日照系数的 0.3；带玻璃顶的空间，如中庭，最小照度均匀度必须达到采光系数的 0.7

表格来源：作者自绘。

4. 室外视野

室外视野是指室内各点对室外环境的可见程度，其影响因素包括窗户的尺寸和位置、房间的形状布局以及建筑层高和吊顶做法等。现有规范对办公建筑室外视野规定如表 4-5 所示。

表 4-5　室外视野评价指标相关规范阈值

相关规范	阈值规定
《绿色办公建筑评价标准》(GB/T 50908—2013)	主要功能房间外窗宜合理设计，具有良好的外景视野
WELL 健康建筑标准	至少 75%的工作台都位于距离中庭或窗 7.5 m 范围内，视野能直接看到外面；至少 95%的工作台都位于距离中庭或窗 12.5 m 范围内，视野能直接看到外面
英国建筑研究院环境评估方法	至少 80%的房间有窗外视野

表格来源：作者自绘。

5. 眩光

眩光是指由于视野中的亮度分布或亮度范围的不适宜，或存在极端的对比，以致引起不舒适感觉或降低观察细部或目标的能力的视觉现象。现有眩光指标有统一眩光值(unified glare rating,UGR)、眩光值(glare rating,GR)、窗的不舒适眩光指数(discomfort glare index,DGI)等,其中只有DGI适用于大面积眩光源。办公建筑眩光评价指标相关规范阈值如表4-6所示。

表4-6　办公建筑眩光评价指标相关规范阈值

相关规范	阈值规定
《建筑采光设计标准》(GB 50033—2013)	窗的不舒适眩光指数:设计室、绘图室为23,办公室、会议室为25,复印室、档案室为27,走道、楼梯间、卫生间为28
《建筑照明设计标准》(GB 50034—2013)	统一眩光值:普通办公室、高档办公室、会议室、视频会议室、设计室为19,服务大厅、营业厅为22

表格来源:作者自绘。

6. 色温

当光源的色品与某一温度下黑体的色品相同时,该黑体的绝对温度为此光源的色温。办公建筑色温评价指标相关规范阈值如表4-7所示。

表4-7　办公建筑色温评价指标相关规范阈值

相关规范	阈值规定
《建筑照明设计标准》(GB 50034—2013)	室内色温控制在3300～5300 K
《健康建筑评价标准》(T/ASC 02—2016)	室内人员长时间停留场所,其光源色温不应高于4000 K;可自动调节色温,并且与天然光混合照明时的人工照明色温与天然光色温接近,得4分

表格来源:作者自绘。

7. 显色指数

显色性是指与参考标准光源相比较,光源显现物体颜色的特性。显色指数是光源显色性的度量。以被测光源下物体颜色和参考标准光源下物体颜色的相符合程度来表示。其数值越接近100,表示光源显色性能越好。现有规范对办公建筑显色指数规定如表4-8所示。

表 4-8　办公建筑显色指数评价指标相关规范阈值

相关规范	阈值规定
《建筑照明设计标准》(GB 50034—2013)	长期工作或停留的房间或场所,照明光源的显色指数(R_a)不应小于 80
《健康建筑评价标准》(T/ASC 02—2016)	一般照明光源显色指数 R_a 大于 0

表格来源:作者自绘。

(二)动态评价指标

相对于静态评价指标仅仅代表典型工况下的光环境状态,动态评价指标可通过综合分析全年的光环境,得到更精确全面的结果。

1. 全自然采光时间百分比

全自然采光时间百分比是指室内各测点在全年工作时间中,单独依靠自然采光就能满足工作面最低照度要求的时间占全年工作时间的百分比。其最小照度的选取参照现有的采光和照明标准。该指标充分考虑了朝向、使用时间与气候条件的影响,可以较为全面地评价室内光环境,在国际上广泛应用。全自然采光时间百分比评价指标相关阈值规定如表 4-9 所示。

表 4-9　全自然采光时间百分比评价指标相关阈值

研究机构	相关结论
北美照明工程学会(Illuminating Engineering Society of North America, IESNA)	DA 计算时间为 8:00—18:00,满足采光要求的最小照度为 300 lx。当 DA 小于 55%时,认为采光量过低;当 DA 大于 75%时,认为采光理想;当 DA 介于两个数值之间时,认为采光量是可接受的
麻省理工学院建筑学院	以 300 lx 为最小照度,DA 等于 50%时,最接近主观评价
澳大利亚可持续研究中心	以 160 lx 为最小照度,室内理想采光量的 DA 应大于 80%
南非绿色建筑委员会	采用 DA 作为评价指标时,最小照度为 160 lx

表格来源:作者自绘。

2. 最大全自然采光时间百分比

最大全自然采光时间百分比相对于全自然采光时间百分比，将评价照度值提高到了最低照度要求的 10 倍。如根据我国《建筑采光设计标准》(GB 50033—2013)相关规定，办公室室内照度标准值为450 lx，最大全自然采光时间百分比则以 4500 lx 为基准值来评价达到该照度水平的全年时间百分比。该指标多用于查找建筑中直射眩光出现频率最高的地方。

3. 连续全自然采光时间百分比

相比于全自然采光时间百分比，连续全自然采光时间百分比通过采用权衡系数的方式综合考察当自然采光照度小于最小设计照度值时的不满意程度。

4. 有效自然光照度

有效自然光照度同样选取室内工作面照度值作为评价基准值，但在评价范围上，区分了采光过低、采光适度和可能产生眩光的三种情况。根据国际上多种阈值采光设计标准值的规定，笔者得出有效自然光照度阈值范围为 100～2000 lx。当室内自然光照度值低于 100 lx 时，代表采光量不足；当室内自然光照度值高于 2000 lx 时，采光量过大，容易产生眩光。

三、建筑天然光环境评价指标的选择

由于本书研究的对象材料为半透明非晶硅薄膜中空光伏玻璃，建筑朝向对其发电特性有着重要影响，而静态评价指标中采光系数的评定是在阴天工况下进行的，只标定了最不利天气条件下的室内采光限值，且无法表征朝向对室内光环境的影响。因此，采光系数指标不适用于作为本次评价指标。照度作为国际上最常用的基本评价指标之一，其数据获得较为便利，在晴天工况下也可以很好地表征方向性对室内光环境的影响。因此，本书采用照度指标来对比分析不同透光率光伏玻璃在典型时刻对室内空间采光量的影响，采用 450 lx 作为本次办公空间研究的照度标准值。

对室内光环境的评价中，仅仅研究典型日工况无法全面表征室内光环境，因此，结合动态评价指标对室内光环境进行评价具有很大的必要性。根据前文对评价指标的综述，笔者将采用国际上广泛应用的全自然采光时间百分比作为本次研究的动态评价指标。根据北美照明工程协会所制定的室内采光质量DA基准线,将天然光设计最小照度设置为我国《建筑采光设计标准》(GB 50033—2013)规定的办公室照度标准值450 lx,在全年8:00—18:00工作时间段内,若DA小于55%,表示采光量不足,无法满足采光需求;当DA为55%~75%时,采光量在可接受范围内;DA大于75%时,采光量处于理想状态。

另外,由于选用的光伏玻璃具有多种颜色特性,当自然光透过这几种颜色到达室内时,其原有光谱分布必然产生变化,影响室内色温及显色指数。因此,本书将采用色温及显色指数对室内光色环境进行定量评价。

综上所述,本书将采用照度、全自然采光时间百分比、色温和显色指数四种指标分别探究不同透光率和不同颜色特性的光伏玻璃在武汉地区高层办公建筑中的空间采光适用性。

第四节 光伏玻璃室内光色实验

一、实验目的

本次光环境实验主要有两个目的:其一,通过实测实验装置内部测点照度并将其与模拟数据进行比对,从而验证模拟光环境软件的可靠性;其二,测试不同颜色光伏玻璃对室内光色环境的影响,通过实测数据判断光伏玻璃在办公空间的适用性。

二、实验设计

(一)实验地点、时间及天气

本次实验地点位于武汉市某开阔场地,四周空旷无遮挡物。实验日期定于2018年2月2日(晴天工况)和2月4日(阴天工况)。为了尽量减少时差因素引起的误差,将实验时间选于天空状态相对稳定的时间段,即于11:00—13:00进行实验。

(二)实验模型

实验模型尺寸为 840 mm×510 mm×390 mm,分别以 1∶10 的比例代表本章第二节确定的典型办公空间的开间、进深以及层高。在模型材料方面,采用 PVC 板代替围护结构。由于本次实验的目的是对室内光环境进行研究,因此围护材料的热工参数对实验无影响。为减少周边光环境对模型内部空间的影响,同时确保模型材料不透光,便将 PVC 板外部均匀涂上黑漆。根据《建筑采光设计标准》(GB 50033—2013)中对室内各表面反射比的规定,采用分光光度计对模型材料进行多次测量比选,最终缩尺模型外观如图 4-9 所示,内部材料反色比参数及颜色对比如表 4-10 所示。

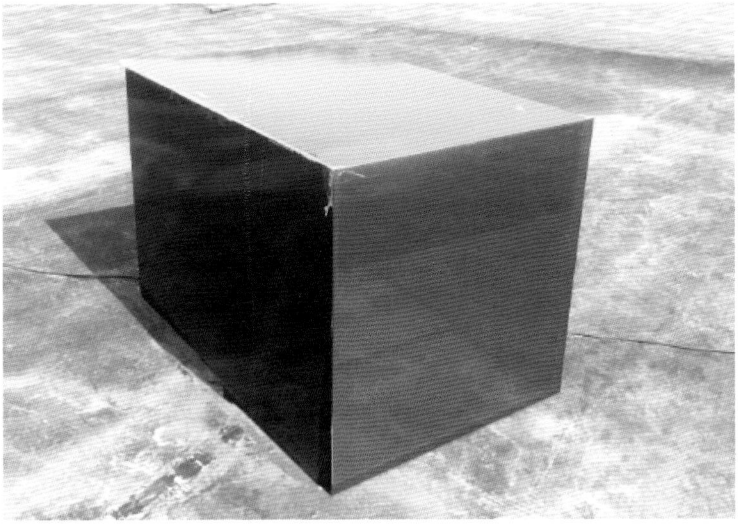

图 4-9　典型高层办公建筑单元缩尺模型

(图片来源:作者自摄)

表 4-10　缩尺模型内部材料反射比参数及颜色对比

内表面名称	反射比参数	缩尺模型设置	材质颜色
顶棚	60%～90%	0.8	

续表

内表面名称	反射比参数	缩尺模型设置	材质颜色
墙面	30%～80%	0.6	
地面	10%～50%	0.3	

表格来源：作者自绘。

(三)测点分布

依据《采光测量方法》(GB/T 5699—2017)，采用矩形网格等间距布点方法进行测点安排。测点高度为 75 mm，位置分布及测量顺序如图 4-10、图 4-11所示。

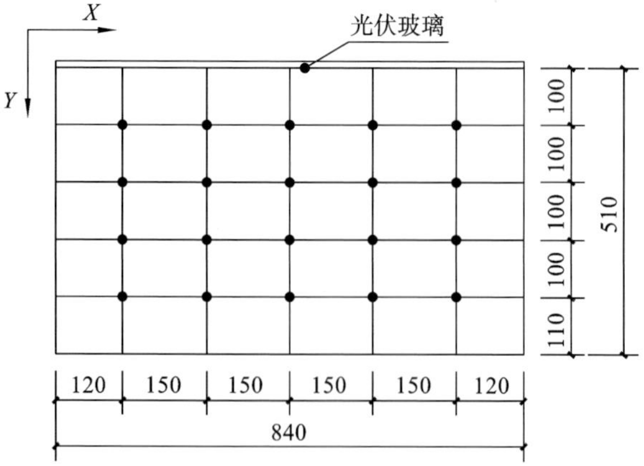

图 4-10　缩尺模型内部测点示意图

(图片来源：作者自绘)

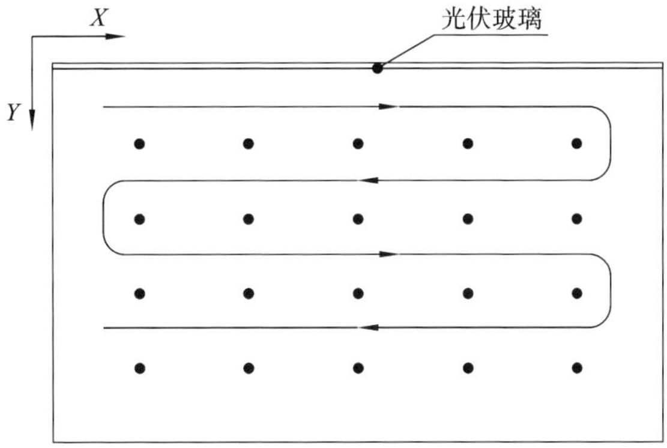

图 4-11　测点测量顺序示意图

（图片来源：作者自绘）

（四）实验仪器

本次实验使用 CL-500A 美能达分光辐射照度计测量实验装置内照度、色温、显色指数，采用 Lambda 900 分光光度计测量各材料透射率、反射率，设备外观分别如图 4-12、图 4-13 所示。

图 4-12　CL-500A 美能达分光辐射照度计

（图片来源：作者自摄）

图 4-13 Lambda 900 分光光度计

（图片来源：作者自摄）

三、实验结果及数据分析

（一）色温

实验实测幕墙朝向为南时，晴天工况与阴天工况下室内色温值如图4-14所示。

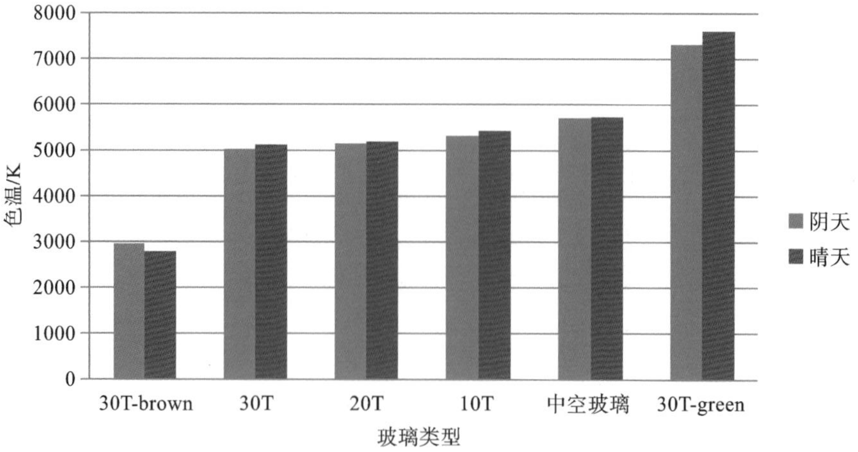

图 4-14 南向晴天、阴天工况室内测点（*X*420，*Y*200）色温对比图

（图片来源：作者自绘）

从图 4-14 可以看出，晴天与阴天工况下，不同颜色光伏玻璃对室内色温均有影响。两种天气工况下，绿色光伏玻璃室内色温在 7000 K 以上，棕色光伏玻璃室内色温在 3000 K 以下，灰色原色光伏玻璃室内外色温值接近。随着灰色原色光伏玻璃透光率的增加，其对室内色温的影响越小，这主要是因为薄膜光伏玻璃透光率的实现是采用激光去除部分薄膜光伏层的方法，透光率越高，激光刻线越密集，从透明玻璃层透过的光线越多，因此进入室内的自然光色改变程度越小。

现有规范中，办公室内的色温规定范围为 3300～5300 K。根据本次实测结果可知，原色光伏玻璃对自然光线色温改变程度不大，可以满足办公室内对色温的要求，但绿色和棕色光伏玻璃会大幅度改变室内自然光色温，不适宜用于对色彩识别程度较高的办公室。

（二）显色指数

实验实测幕墙朝向为南时，晴天工况与阴天工况下室内显色指数如图 4-15、图 4-16 所示。

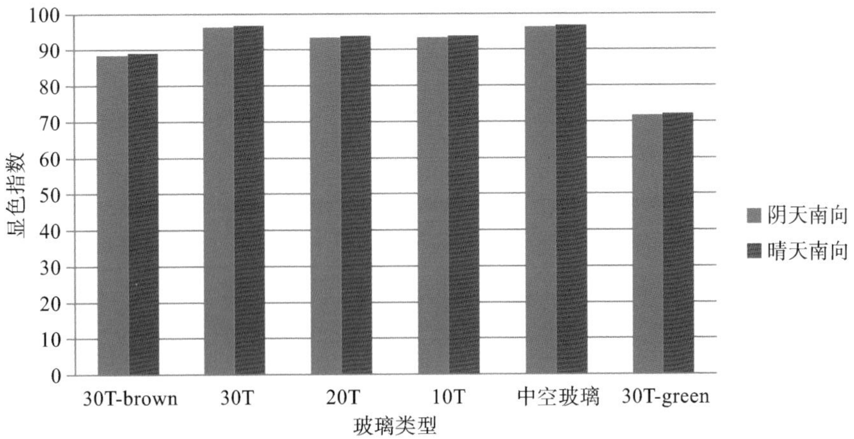

图 4-15　南向晴天、阴天工况室内测点（*X*420，*Y*200）显色指数对比图

（图片来源：作者自绘）

从各光伏玻璃样品对室内显色指数影响可以看出，晴天工况和阴天工况下，室内显色指数差异不大。三种颜色的光伏玻璃中，绿色光伏玻璃显色指数低于 80，且 $R_9<0$，无法满足建筑标准室内显色性规定；棕色光伏玻璃

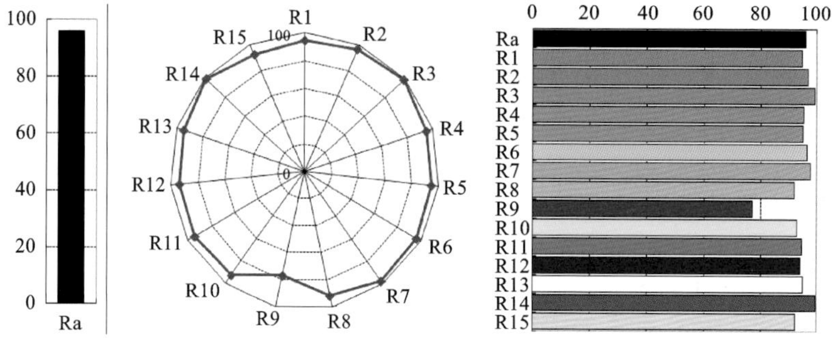

(a)

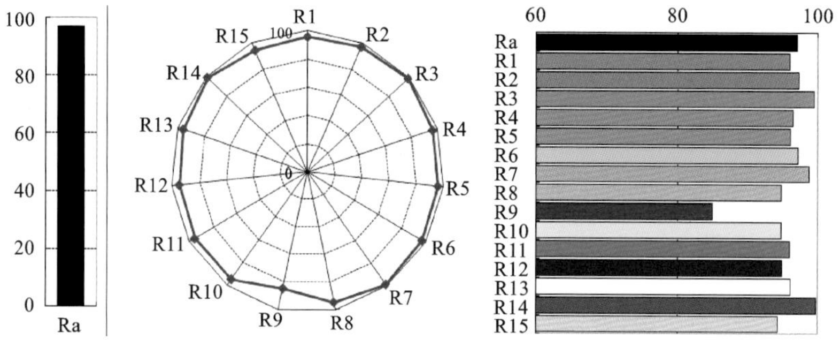

(b)

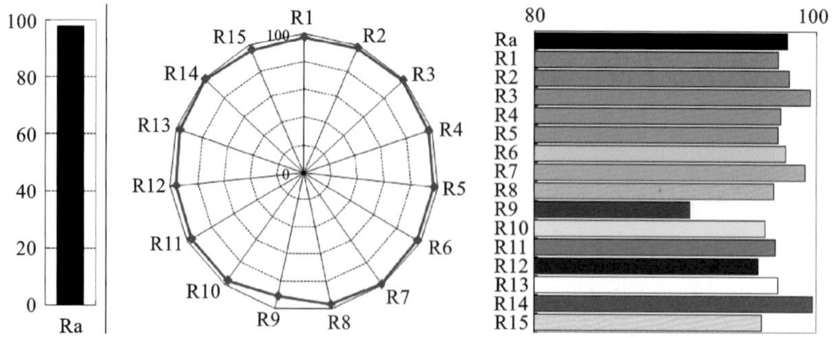

(c)

图 4-16 五种类型非晶硅薄膜光伏玻璃显色指数对比图

(a)10T 光伏玻璃显色指数;(b)20T 光伏玻璃显色指数;(c)30T 光伏玻璃显色指数;
(d)30T-green 光伏玻璃显色指数;(e)30T-brown 光伏玻璃显色指数

(图片来源:作者自绘)

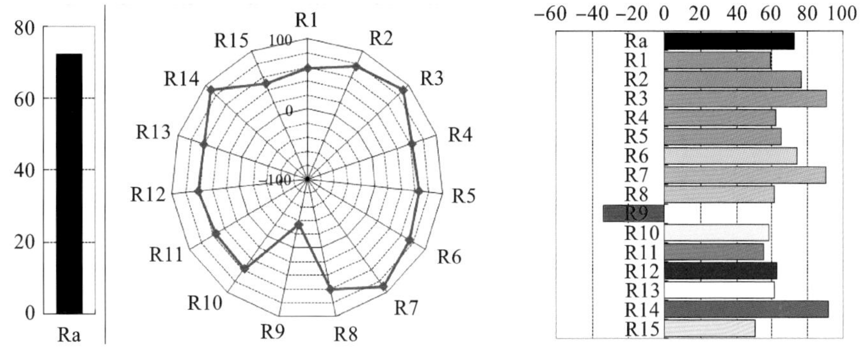

(d)

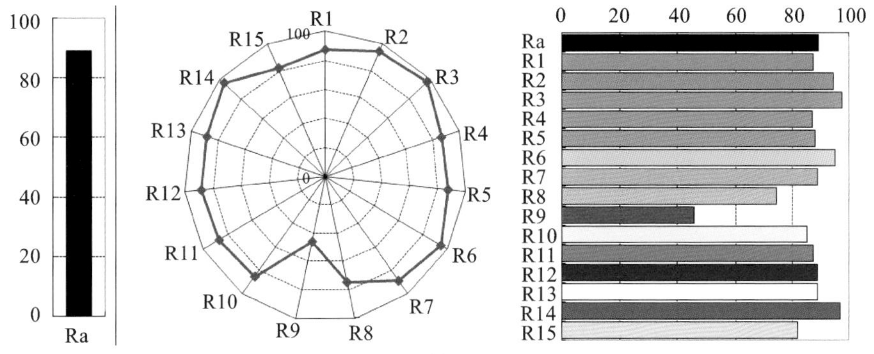

(e)

续图 4-16

显色指数在 80 以上，可以满足一般颜色识别要求；而灰色原色光伏玻璃的室内显色指数均在 90 以上，显色性能良好。

综上可知，不同颜色特性的光伏玻璃对室内光色环境有较大影响，在对颜色识别要求较高的办公空间选用光伏玻璃时，应优先选择灰色原色光伏玻璃，对棕色或绿色等特殊颜色光伏玻璃的使用应酌情考虑。

第五节　光伏玻璃室内空间采光量适用范围

通过第四节的光环境实验可知，棕色及绿色光伏玻璃会大幅改变室内光色环境，从而对室内使用者造成影响，不适用于对颜色识别程度较高的办公空间。因此，本小节仅探究10T、20T和30T灰色原色光伏玻璃对室内采光量的影响。首先，采用照度指标对不同典型工况下应用不同透光率光伏玻璃的室内空间采光量进行定量分析，并与应用中空玻璃的工况进行对比，以期获得更加直观的室内采光量影响趋势；然后，采用全自然采光时间百分比对其进行分析，根据IESNA提出的判断基准线进行光环境定量评价，分析判断不同透光率的光伏玻璃在各个朝向的适用性。

一、软件选择及可靠性分析

(一)软件选择及相关参数设定

据统计，现有光环境模拟软件如表4-11所示。

表4-11　光环境软件对比

软件	模拟类型	计算精度	界面易用性	光照模型	图像生成
Radiance	静态光环境模拟	很高	很低	光线跟踪	可以
Desktop Radiance	静态光环境模拟	很高	中等	光线跟踪	可以
Ecotect	静态光环境模拟	很高	很高	光线跟踪	可以
AGi32	静态光环境模拟	较高	很高	光能传递	可以
DIALux	静态光环境模拟	较高	较高	光能传递	可以
IES<VE>	静态光环境模拟	较高	中等	光线跟踪	可以
DAYSIM	动态光环境模拟	较高	中等	光线跟踪	不可以

表格来源：《建筑光环境模拟》。

根据第三节中选定的光环境评价指标和各软件的优势对比，选定Desktop Radiance和DAYSIM软件作为本次光环境研究的模拟软件。

1. Desktop Radiance

Desktop Radiance是劳伦斯伯克利国家实验室、太平洋煤气和电力公司以及Marinsoft公司联合开发的静态光环境模拟软件，计算精度高，扩展性强。模拟参数设置如图4-17所示。

2. DAYSIM

DAYSIM是加拿大国家研究院开发的动态光环境模拟软件，可以模拟

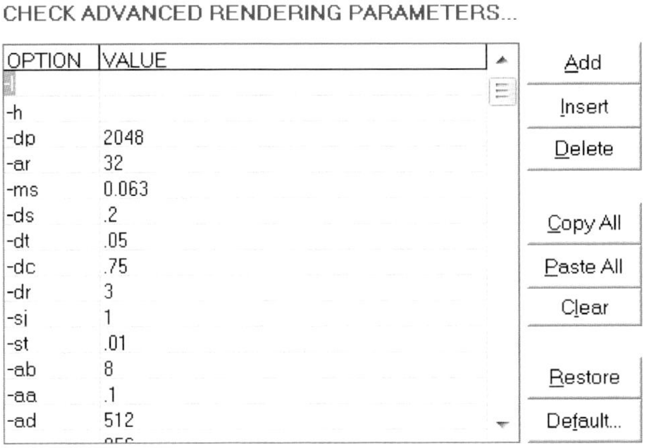

图 4-17　Desktop Radiance 参数设置界面

（图片来源：作者自绘）

建筑在全年中的动态自然采光和照明情况。加拿大国家研究院采用 Desktop Radiance 软件的计算核心，属于动态光环境模拟软件。模拟参数设置如图 4-18 所示。

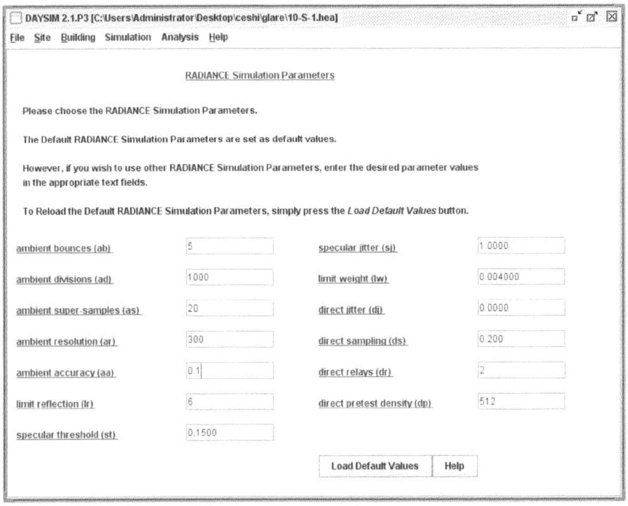

图 4-18　DAYSIM 参数设置界面

（图片来源：作者自绘）

光环境模拟使用的气象数据来自 EnergyPlus 官方网站提供的武汉地区 CSWD. epw 格式文件。根据《建筑采光设计标准》(GB 50033—2013)中规定的办公建筑室内表面反射比限值，本次研究的办公空间模拟模型内部反射比取值如表 4-12 所示。

表 4-12 模拟模型反射比设定

内表面名称	标准要求	缩尺模型设置
顶棚	60%～90%	0.8
墙面	30%～80%	0.6
地面	10%～50%	0.3

表格来源：作者自绘。

(二)软件可靠性验证

模拟软件的可靠性需要采用实验数据实证，本节将采用缩尺模型的方法对 20T 光伏玻璃进行照度实验实测。本次照度实测选择在 2 月 5 日阴天工况下进行，并将所测数据与 Desktop Radiance 软件的模拟结果进行对比分析。

1. 缩尺模型理论分析

本次实测采用的是 1∶10 的等比缩小模型，其几何特征与设定的典型办公空间模型相似，内部围护结构材质根据本章上一节办公空间模型反射率参数进行多次测试后选定，玻璃选用 20T 光伏玻璃。室内某测点的照度值计算公式如式(4.1)所示：

$$E = \int_0^{2\pi}\int_0^{\pi/2} D_{\theta\alpha} L_{\theta\alpha} \cos\theta \mathrm{d}\theta \mathrm{d}\alpha \tag{4.1}$$

由于缩尺模型与办公空间原型各测点所对应的方位角 α 和仰角 θ 相同，公式中 $\cos\theta \mathrm{d}\theta \mathrm{d}\alpha$ 代表天空微元对测点的立体角，而缩尺模型与原型中相同位置测点可见天空区域是相同的，所以两者立体角是相同的。$L_{\theta\alpha}$ 是关于仰角和方位角的天空亮度，$D_{\theta\alpha} = T_{\theta\alpha} \times \sin_{\theta}$，$D_{\theta\alpha}$ 指天然光系数，由采光窗透光率和仰角决定，因此在两种模型中也是相同的。综上可知，以缩尺模型测量原型模型空间相同位置测点的照度是可行的。

2. 实测数据与模拟数据对比分析

由于实测天气室外照度与国际照明委员会(International Commission on Illumination,CIE)天气模型不一定相同,所以仅仅通过测量的照度值进行对比验证并不准确。但同一模型工况下,室外照度增加,室内照度也会相应提升,它们的比值,即采光系数值是相同的,所以本次实验将以各测点的采光系数作为对比数据进行分析。其实测值与模拟值如表 4-13 至表 4-15 所示。

表 4-13 缩尺模型照度实测值

X	Y				
	120 mm	270 mm	420 mm	570 mm	720 mm
100 mm	700.46 lx	795.79 lx	806.61 lx	789.47 lx	701.55 lx
200 mm	396.27 lx	477.49 lx	484.65 lx	472.62 lx	393.19 lx
300 mm	263.47 lx	312.80 lx	323.08 lx	310.99 lx	268.22 lx
400 mm	206.65 lx	243.03 lx	250.79 lx	239.17 lx	200.55 lx

表格来源:作者自绘。

表 4-14 缩尺模型采光系数实测计算值

X	Y				
	120 mm	270 mm	420 mm	570 mm	720 mm
100 mm	6.53	7.42	7.52	7.45	6.54
200 mm	3.70	4.45	4.52	4.41	3.67
300 mm	2.46	2.92	3.01	2.90	2.50
400 mm	1.93	2.27	2.34	2.23	1.87

表格来源:作者自绘。

表 4-15　采光系数模拟值

X	Y				
	120 mm	270 mm	420 mm	570 mm	720 mm
100 mm	6.51	7.39	7.48	7.40	6.49
200 mm	3.62	4.37	4.46	4.34	3.63
300 mm	2.40	2.84	2.93	2.81	2.42
400 mm	1.81	2.13	2.22	2.12	1.79

表格来源:作者自绘。

根据实测值与模拟值对比分析可知,两者数据存在一定差值。在此定义误差计算公式为:误差=(实测数据－模拟数据)/模拟数据×100%。

所得误差如表 4-16 所示。

表 4-16　实测值与模拟值误差分析

X	Y				
	120 mm	270 mm	420 mm	570 mm	720 mm
100 mm	0.31%	0.41%	0.53%	0.68%	0.77%
200 mm	2.21%	1.83%	1.35%	1.61%	1.10%
300 mm	2.50%	2.82%	2.73%	3.20%	3.31%
400 mm	6.63%	6.57%	5.41%	5.19%	4.47%

表格来源:作者自绘。

从表 4-16 可以看出,误差最大出现在测点($X=400$,$Y=120$),误差达到 6.63%;误差最小出现在测点($X=100$,$Y=120$),误差达到 0.31%。这是由于实测顺序首先为测量室外测点,然后测量室内测点。其中点($X=100$,$Y=120$)为室内测试第一点,点($X=400$,$Y=120$)为测试最终点。计算室内天然采光系数时,均采用同一室外照度实测值 10720.21 lx,实际上室外照度随着时间的推移在不断变化,上午时分逐渐增大。因此,误差均为正值,且距离起始测点越远,误差值越大。

从各测点实测数据与模拟数据对比可知，误差在可接受范围以内，笔者认为 Desktop Radiance 软件的模拟结果具有可信性。而 DAYSIM 软件是以 Desktop Radiance 软件作为内核运行的，因此间接验证了 DAYSIM 软件的可靠性。接下来将分别采用两种软件模拟分析不同光伏玻璃对室内光环境的影响。

二、光环境模拟分析

(一)照度

通过软件可靠性验证可知，Desktop Radiance 软件可以较为准确地模拟室内光环境分布，现采用该软件分别模拟全晴天工况与全阴天工况下正午 12:00 时，不同透光率光伏玻璃在不同朝向下的照度值。

1. 南向全晴天工况

通过图 4-19 至图 4-22 可知，在南向全晴天工况下，相比于中空玻璃，半透明光伏玻璃的应用可以大幅降低室内近窗处照度，提高室内照度均匀度。在春分日、秋分日、冬至日时，由于太阳高度角不同，室内近窗处分别在 0.9 m、0.9 m 和 2.4 m 进深下照度过大，且春分日与秋分日近窗照度值大于冬至日。各类型玻璃在南向不同节气全晴天条件下室内平均照度、照度均匀度和满足照度标准值进深范围百分比分别见表 4-17 至表 4-19。

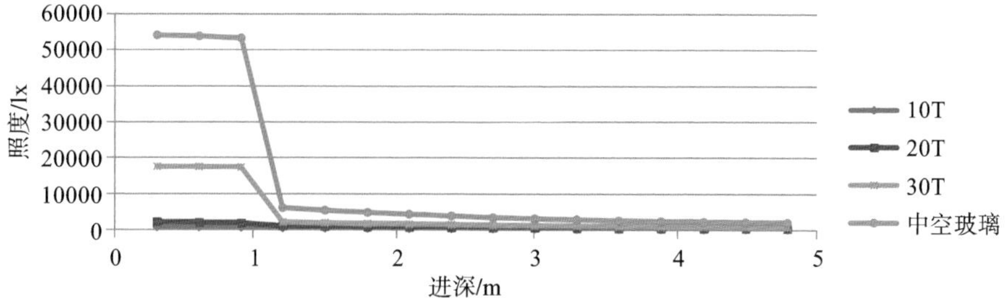

图 4-19 南向春分日全晴天照度分布图

(图片来源：作者自绘)

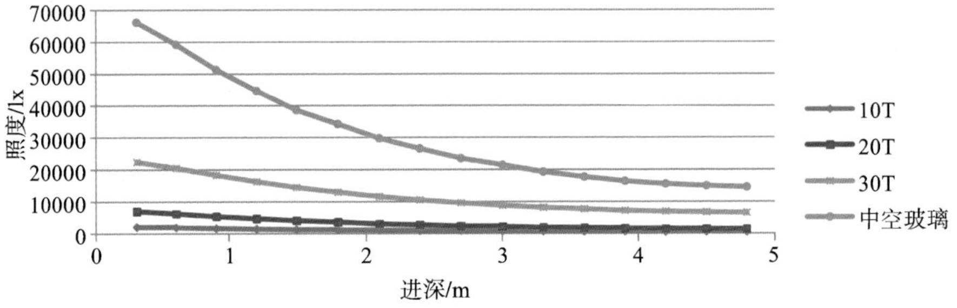

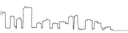

图 4-20　南向夏至日全晴天照度分布图

（图片来源：作者自绘）

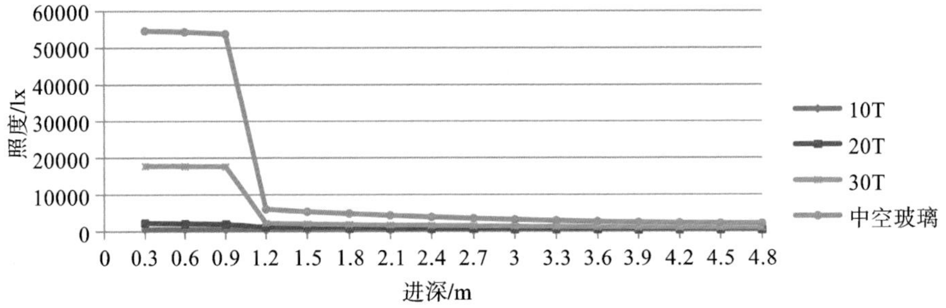

图 4-21　南向秋分日全晴天照度分布图

（图片来源：作者自绘）

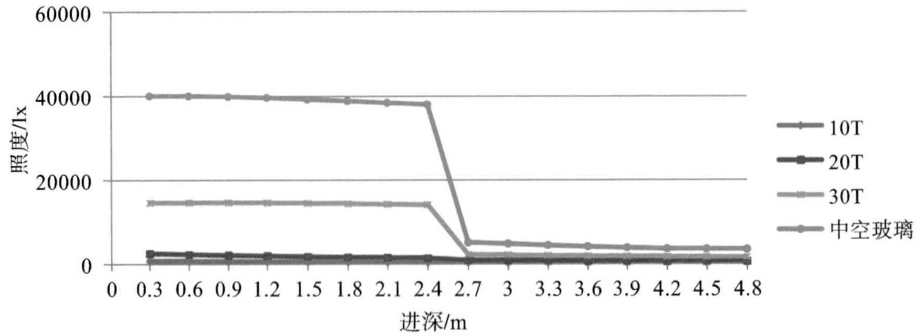

图 4-22　南向冬至日全晴天照度分布图

（图片来源：作者自绘）

表 4-17 南向全晴天室内平均照度 单位:lx

节气日	玻璃类型			
	10T	20T	30T	中空玻璃
春分日	248.47	774.95	4220.17	12837.6
夏至日	101.57	311.83	1176.89	3076.27
秋分日	225.92	876.26	4410.31	12938.50
冬至日	339.52	1204.15	8128.74	21606.20

表格来源:作者自绘。

表 4-18 南向全晴天室内照度均匀度

节气日	玻璃类型			
	10T	20T	30T	中空玻璃
春分日	0.47	0.37	0.17	0.15
夏至日	0.47	0.43	0.27	0.15
秋分日	0.40	0.37	0.20	0.16
冬至日	0.45	0.42	0.19	0.16

表格来源:作者自绘。

表 4-19 南向全晴天室内满足照度标准值进深范围百分比

节气日	玻璃类型			
	10T	20T	30T	中空玻璃
春分日	17.65%	52.94%	100.00%	100.00%
夏至日	0.00%	23.53%	100.00%	100.00%
秋分日	17.65%	70.59%	100.00%	100.00%
冬至日	23.53%	100.00%	100.00%	100.00%

表格来源:作者自绘。

2. 西南向全晴天工况

通过图 4-23 至图 4-26 可知,在西南向全晴天工况下,室内在春分日、秋分日、冬至日时,室内近窗处分别在 0.6 m、0.6 m 和 1.5 m 进深下照度过大,容易出现眩光,该进深范围相比于同节气日南向全晴天工况下的范围值有所减少。各类型玻璃在西南向不同节气日全晴天条件下室内平均照度、照度均匀度和满足照度标准值进深范围百分比分别见表 4-20 至表 4-22。

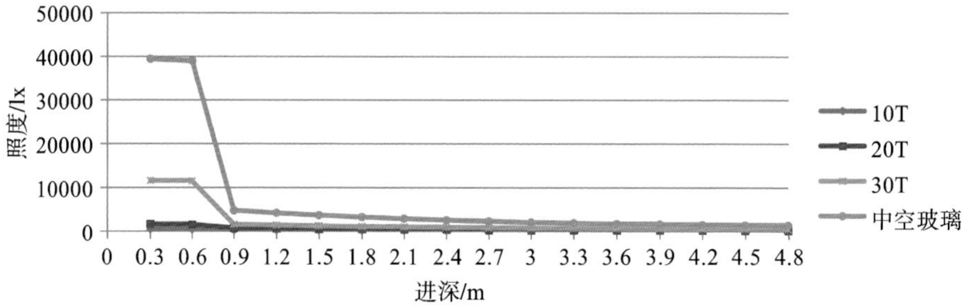

图 4-23　西南向春分日全晴天照度分布图

（图片来源：作者自绘）

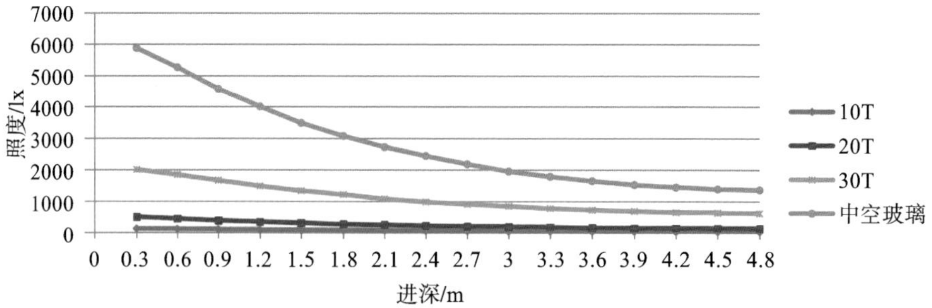

图 4-24　西南向夏至日全晴天照度分布图

（图片来源：作者自绘）

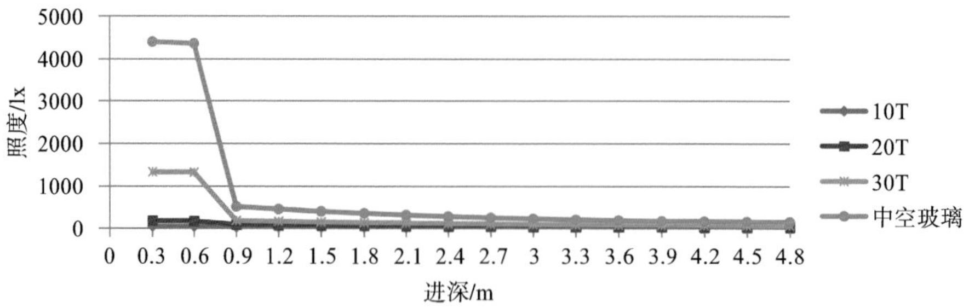

图 4-25　西南向秋分日全晴天照度分布图

（图片来源：作者自绘）

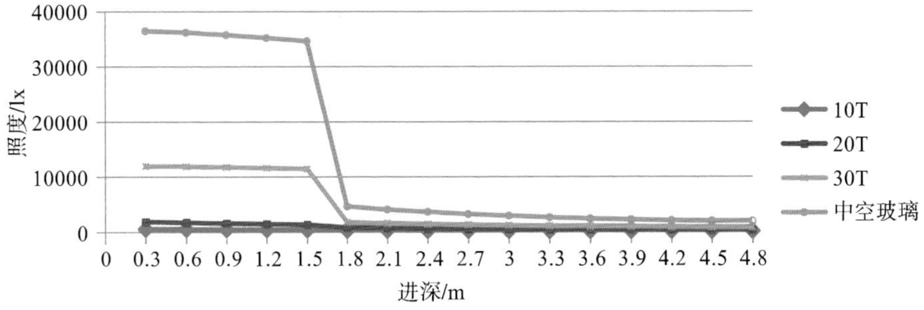

图 4-26　西南向冬至日全晴天照度分布图

（图片来源：作者自绘）

表 4-20　西南向全晴天室内平均照度　　　单位：lx

节气日	玻璃类型			
	10T	20T	30T	中空玻璃
春分日	159.32	517.26	2180.79	7056.70
夏至日	101.57	311.83	1176.89	3076.27
秋分日	225.92	876.26	4410.31	12938.50
冬至日	339.52	1204.15	8128.74	21606.20

表格来源：作者自绘。

表 4-21　西南向全晴天室内照度均匀度

节气日	玻璃类型			
	10T	20T	30T	中空玻璃
春分日	0.46	0.41	0.22	0.19
夏至日	0.47	0.42	0.32	0.17
秋分日	0.40	0.43	0.20	0.16
冬至日	0.45	0.42	0.19	0.16

表格来源：作者自绘。

表 4-22　西南向全晴天满足照度标准值进深范围百分比

节气日	玻璃类型			
	10T	20T	30T	中空玻璃
春分日	0.00%	35.29%	100.00%	100.00%
夏至日	0.00%	55.9%	100.00%	100.00%
秋分日	17.65%	70.59%	100.00%	100.00%
冬至日	5.88%	58.82%	100.00%	100.00%

表格来源:作者自绘。

3.东南向全晴天工况

通过图 4-27 至图 4-30 可知,在东南向全晴天工况下,四个节气日室内近窗处进深分别为 0.9 m、0.3 m、0.9 m 和 2.1 m 时,照度值过大,容易出现直射眩光,其中春分日与秋分日近窗照度高于冬至日。各类型玻璃在东南向不同节气日全晴天条件下室内平均照度、照度均匀度和满足照度标准值进深范围百分比分别见表 4-23 至表 4-25。

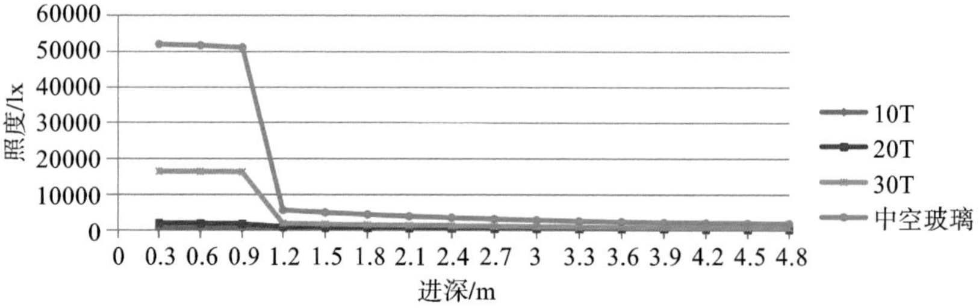

图 4-27　东南向春分日全晴天照度分布图

(图片来源:作者自绘)

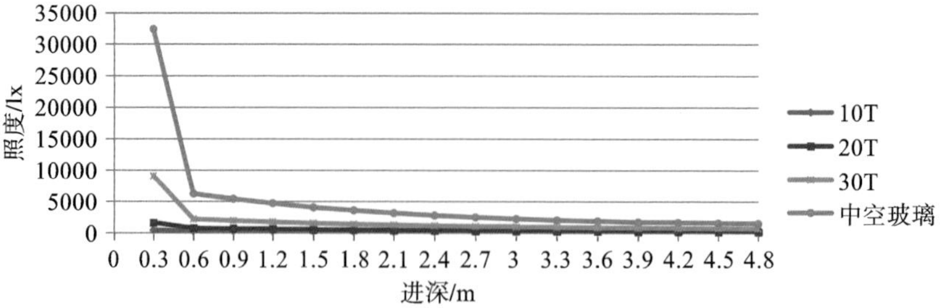

图 4-28　东南向夏至日全晴天照度分布图

(图片来源:作者自绘)

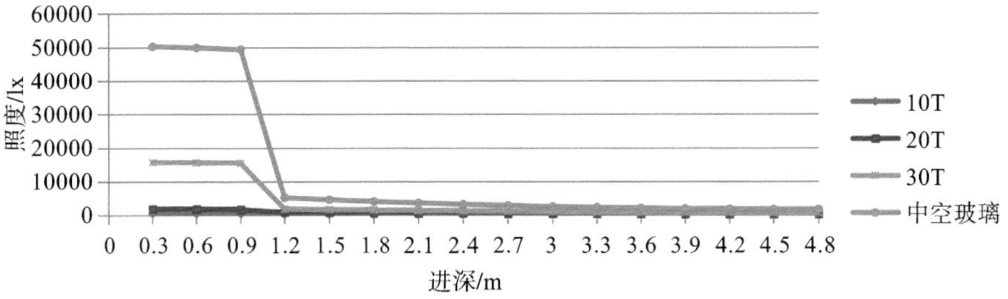

图 4-29 东南向秋分日全晴天照度分布图

（图片来源：作者自绘）

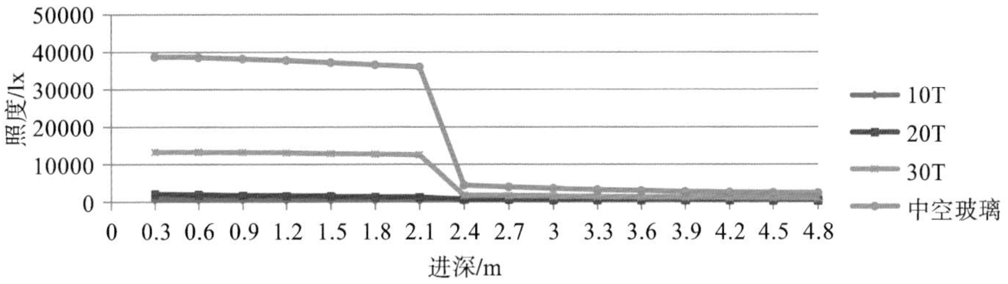

图 4-30 东南向冬至日全晴天照度分布图

（图片来源：作者自绘）

表 4-23 东南向全晴天室内平均照度 单位：lx

节气日	玻璃类型			
	10T	20T	30T	中空玻璃
春分日	89.69	333.40	1164.62	3429.00
夏至日	136.56	403.57	1645.20	4776.72
秋分日	214.35	762.05	3863.12	11720.90
冬至日	275.99	988.94	6377.61	18202.40

表格来源：作者自绘。

表 4-24　东南向全晴天室内照度均匀度

节气日	玻璃类型			
	10T	20T	30T	中空玻璃
春分日	0.44	0.42	0.38	0.32
夏至日	0.45	0.37	0.34	0.31
秋分日	0.45	0.42	0.19	0.14
冬至日	0.45	0.41	0.16	0.13

表格来源:作者自绘。

表 4-25　东南向全晴天满足照度标准值进深范围百分比

节气日	玻璃类型			
	10T	20T	30T	中空玻璃
春分日	11.76%	52.94%	100.00%	100.00%
夏至日	0.00%	23.53%	100.00%	100.00%
秋分日	11.76%	58.82%	100.00%	100.00%
冬至日	17.65%	76.47%	100.00%	100.00%

表格来源:作者自绘。

4. 西向全晴天工况

通过图 4-31 至图 4-34 可知,在西向全晴天工况下,室内照度相比于南向、西南向分布更均匀,在近窗处没有照度过大区域的产生。各类型玻璃在西向不同节气日全晴天条件下室内平均照度、照度均匀度和满足照度标准值进深范围百分比分别见表 4-26 至表 4-28。

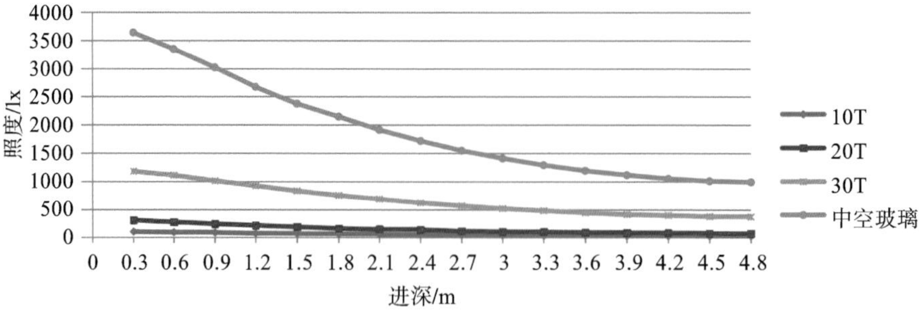

图 4-31　西向春分日全晴天照度分布图

(图片来源:作者自绘)

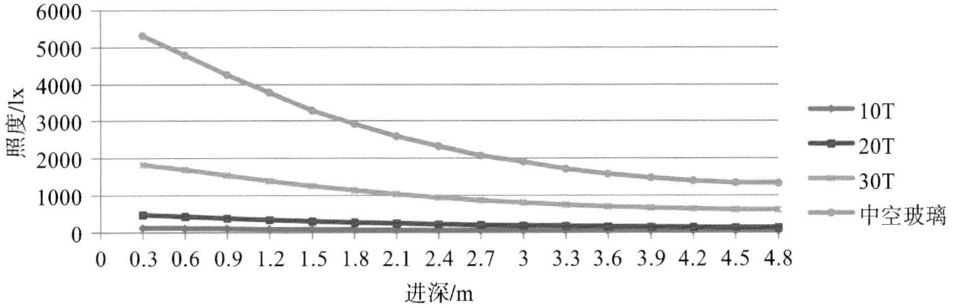

图 4-32　西向夏至日全晴天照度分布图

（图片来源：作者自绘）

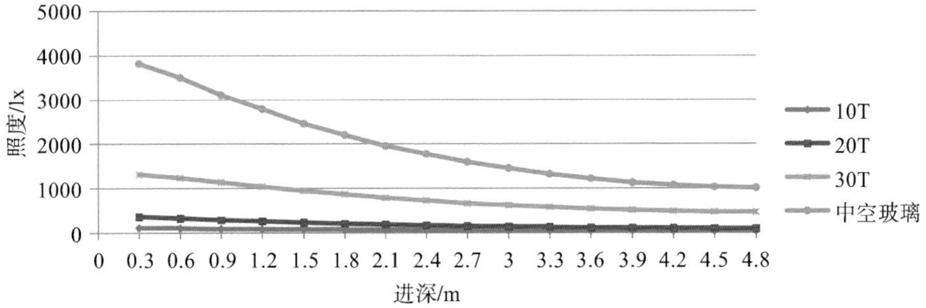

图 4-33　西向秋分日全晴天照度分布图

（图片来源：作者自绘）

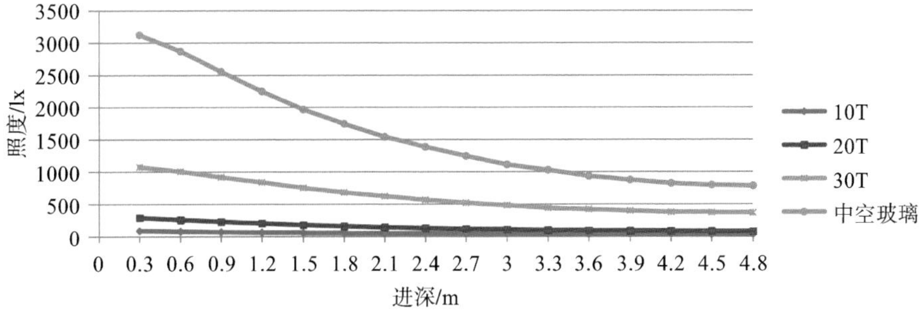

图 4-34　西向冬至日全晴天照度分布图

（图片来源：作者自绘）

表 4-26　西向全晴天室内平均照度　　单位:lx

节气日	玻璃类型			
	10T	20T	30T	中空玻璃
春分日	55.53	150.30	666.40	1901.65
夏至日	60.02	238.74	1023.82	2622.17
秋分日	54.57	177.53	766.90	1957.02
冬至日	44.30	139.74	609.29	1558.13

表格来源:作者自绘。

表 4-27　西向全晴天室内照度均匀度

节气日	玻璃类型			
	10T	20T	30T	中空玻璃
春分日	0.53	0.51	0.56	0.52
夏至日	0.54	0.51	0.58	0.50
秋分日	0.53	0.50	0.60	0.51
冬至日	0.56	0.51	0.59	0.50

表格来源:作者自绘。

表 4-28　西向全晴天满足照度标准值进深范围百分比

节气日	玻璃类型			
	10T	20T	30T	中空玻璃
春分日	0.00%	0.00%	70.59%	100.00%
夏至日	0.00%	5.88%	100.00%	100.00%
秋分日	0.00%	0.00%	100.00%	100.00%
冬至日	0.00%	0.00%	58.82%	100.00%

表格来源:作者自绘。

5.东向全晴天工况

通过图 4-35 至图 4-38 可知,在东向全晴天工况下,仅在春分日室内近窗处 0.3 m 进深处产生照度过大的情况,容易产生眩光,其他节气日室内照度分布均匀。各类型玻璃在东向不同节气日全晴天条件下室内平均照度、照度均匀度和满足照度标准值进深范围百分比分别见表4-29至表4-31。

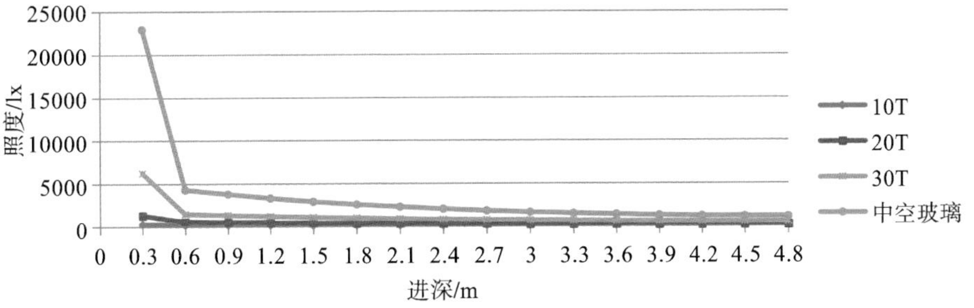

图4-35　东向春分日全晴天照度分布图

（图片来源：作者自绘）

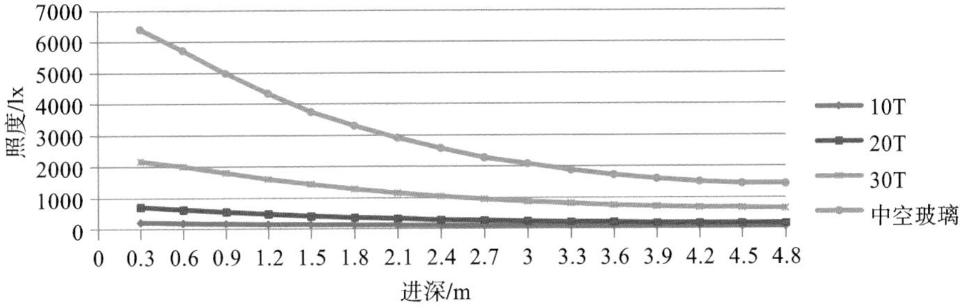

图4-36　东向夏至日全晴天照度分布图

（图片来源：作者自绘）

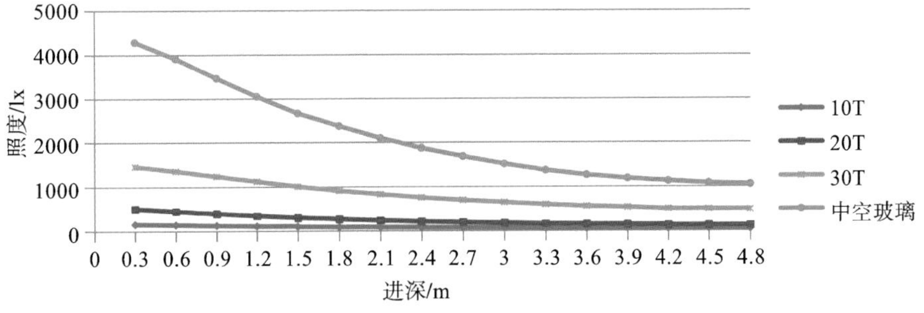

图4-37　东向秋分日全晴天照度分布图

（图片来源：作者自绘）

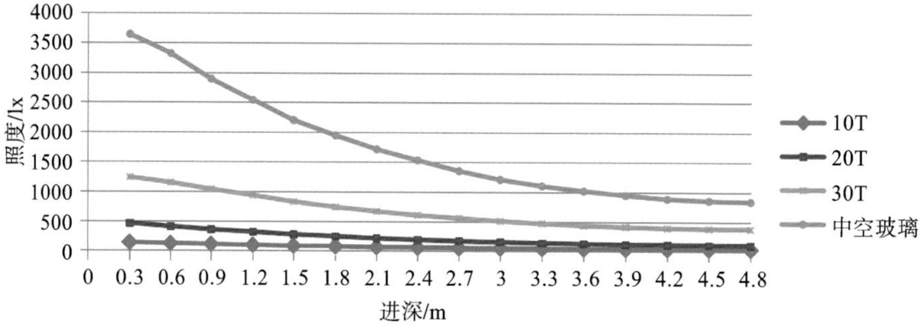

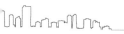

图 4-38　东向冬至日全晴天照度分布图

（图片来源：作者自绘）

表 4-29　东向全晴天室内平均照度　　单位：lx

节气日	玻璃类型			
	10T	20T	30T	中空玻璃
春分日	89.70	333.40	1164.62	3429
夏至日	109.75	331.46	1153.72	2982.07
秋分日	77.37	237.45	821.46	2120.05
冬至日	68.17	223.75	671.55	1748.92

表格来源：作者自绘。

表 4-30　东向全晴天室内照度均匀度

节气日	玻璃类型			
	10T	20T	30T	中空玻璃
春分日	0.44	0.42	0.38	0.32
夏至日	0.50	0.48	0.46	0.47
秋分日	0.50	0.48	0.46	0.43
冬至日	0.49	0.48	0.45	0.42

表格来源：作者自绘。

表 4-31 东向全晴天满足照度标准值进深范围百分比

节气日	玻璃类型			
	10T	20T	30T	中空玻璃
春分日	0.00%	17.65%	100.00%	100.00%
夏至日	0.00%	23.53%	100.00%	100.00%
秋分日	0.00%	5.88%	100.00%	100.00%
冬至日	0.00%	5.88%	64.71%	100.00%

表格来源:作者自绘。

6. 全阴天工况

通过图 4-39 至图 4-42 可知,在全阴天工况下,夏至日近窗处照度水平最高,其次是春分日和秋分日,冬至日照度水平最低。室内照度在近窗处 3 m 进深范围内照度下降趋势明显,且透光率越高,变化率越大。各类型玻璃在不同节气日全阴天条件下室内平均照度、照度均匀度和满足照度标准值进深范围百分比分别见表 4-32 至表 4-34。

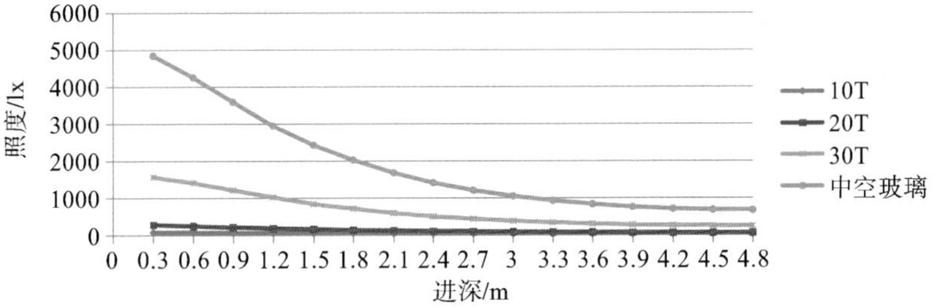

图 4-39 春分日全阴天照度分布图

(图片来源:作者自绘)

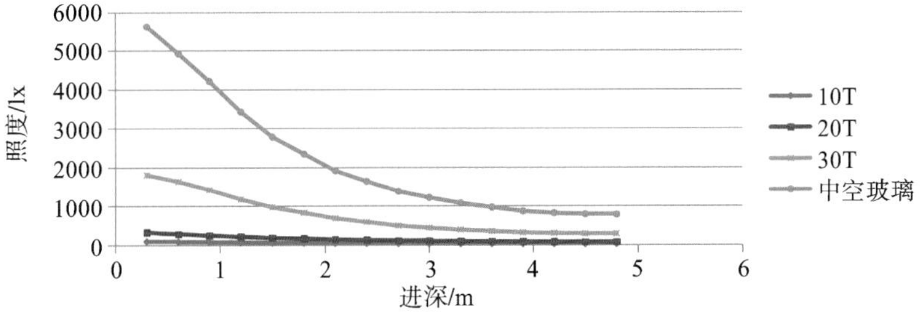

图 4-40 夏至日全阴天照度分布图

(图片来源:作者自绘)

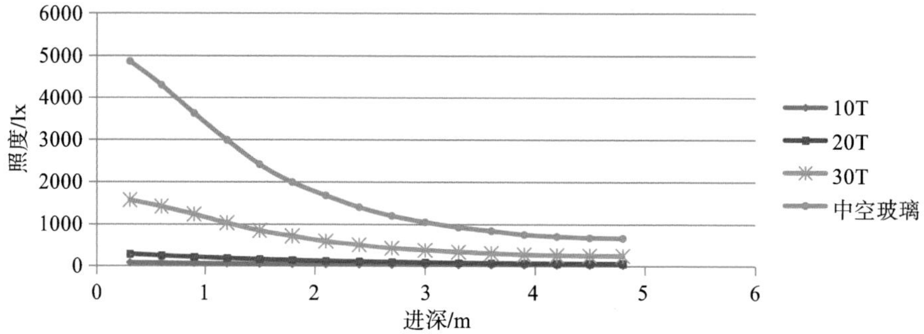

图 4-41 秋分日全阴天照度分布图

（图片来源：作者自绘）

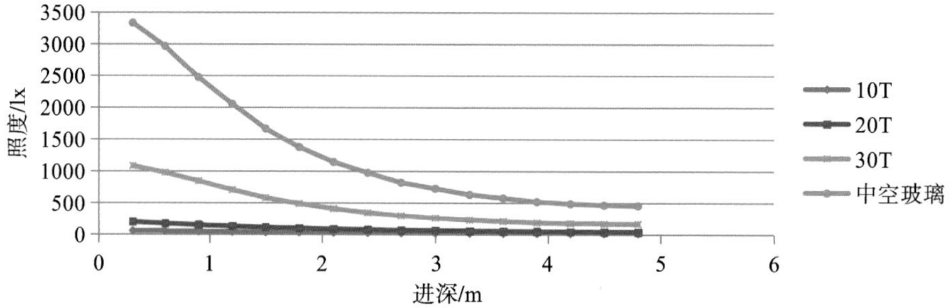

图 4-42 冬至日全阴天照度分布图

（图片来源：作者自绘）

表 4-32 全阴天室内平均照度 单位：lx

节气日	玻璃类型			
	10T	20T	30T	中空玻璃
春分日	34.96	125.01	640.75	1871.74
夏至日	40.94	145.51	745.49	2170.67
秋分日	35.48	125.62	464.80	1876.55
冬至日	24.24	86.61	444.60	1290.04

表格来源：作者自绘。

表 4-33 全阴天室内照度均匀度

节气日	玻璃类型			
	10T	20T	30T	中空玻璃
春分日	0.47	0.46	0.38	0.36
夏至日	0.47	0.46	0.38	0.38
秋分日	0.47	0.46	0.37	0.36
冬至日	0.47	0.46	0.38	0.35

表格来源:作者自绘。

表 4-34 全阴天各节气满足照度标准值进深范围百分比

节气日	玻璃类型			
	10T	20T	30T	中空玻璃
春分日	0.00%	0.00%	47.06%	100%
夏至日	0.00%	0.00%	52.94%	100%
秋分日	0.00%	0.00%	47.06%	100%
冬至日	0.00%	0.00%	35.29%	100%

表格来源:作者自绘。

从各典型节气日不同朝向照度模拟数据可知,室内照度水平受朝向影响较大,采用同种透光率的光伏玻璃时,南向室内照度水平最高,西向室内照度水平最低。全晴天工况下,当应用30T光伏玻璃时,除东向与西向部分测点未满足室内照度要求外,其他朝向均可满足室内采光量的需求;应用20T光伏玻璃时,仅在南向冬至日所有测点达到照度标准值;应用10T光伏玻璃时,均无法达到照度标准值。全阴天工况下,30T光伏玻璃满足照度标准值的进深百分比范围为35%～53%,10T和20T均无测点达到照度标准值。

通过对比光伏玻璃和中空玻璃室内照度分布曲线可知,光伏玻璃的应用可以有效降低近窗处照度,防止直射眩光的产生,提升室内照度均匀度。

(二)全自然采光时间百分比

根据图4-43可知,随着玻璃透光率的增加,相同进深条件下全自然采光时间百分比逐渐增加,其增长趋势随着进深的加大而更加明显。室内全自

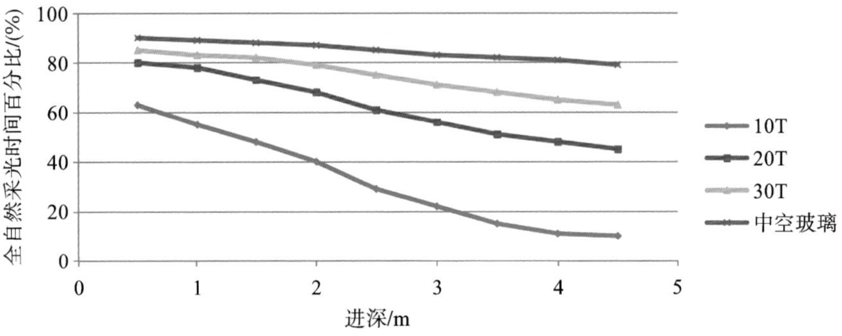

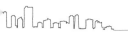

图 4-43　南向室内全自然采光时间百分比分布图

（图片来源：作者自绘）

然采光时间百分比分布范围：10T 光伏玻璃为 10%～63%，20T 光伏玻璃为 45%～80%，30T 光伏玻璃为 63%～85%，中空玻璃为 79%～90%。

根据 DA≥55%为采光可接受状态，DA≥75%为采光理想状态评价标准可知，10T、20T、30T 光伏玻璃和中空玻璃在满足采光可接受状态下的进深范围百分比分别为 23.53%、70.59%、100.00%和 100.00%，满足采光理想状态下的进深范围百分比分别为 0.00%、31.37%、58.82%和 100.00%。由此可知，在幕墙朝向为南向时，三种透光率的光伏玻璃中仅有 30T 光伏玻璃在全覆盖应用形式下均可达到采光可接受状态，低于 30T 透光率的光伏玻璃若要使室内空间均达到这一光环境标准，可采用与中空玻璃相结合的方式进行应用。

根据图 4-44 可知，西南向不同透光率光伏玻璃和中空玻璃的全自然采光时间百分比分布范围：10T 光伏玻璃为 13%～60%，20T 光伏玻璃为 48%～80%，30T 光伏玻璃为 64%～85%，中空玻璃为 79%～90%。

10T、20T、30T 光伏玻璃和中空玻璃在满足采光可接受状态下的进深范围百分比分别为 19.60%、74.51%、100.00%和 100.00%，满足采光理想状态下的进深范围百分比分别为 0.00%、29.41%、58.82%和 100.00%。由此可知，在幕墙朝向为西南向时，三种透光率的光伏玻璃中仅有 30T 光伏玻璃在全覆盖应用形式下室内空间均可达到采光可接受状态。

同理，根据图 4-45 可知，东南向不同透光率光伏玻璃和中空玻璃的全自

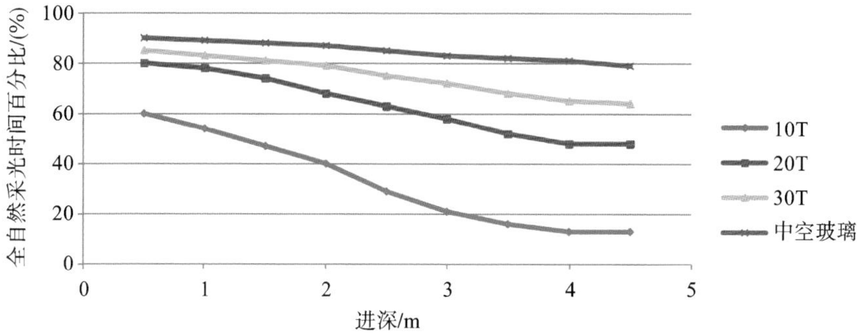

图 4-44　西南向室内全自然采光时间百分比分布图

(图片来源:作者自绘)

然采光时间百分比分布范围:10T 光伏玻璃为 13%~60%,20T 光伏玻璃为 45%~78%,30T 光伏玻璃为 61%~84%,中空玻璃为 79%~90%。

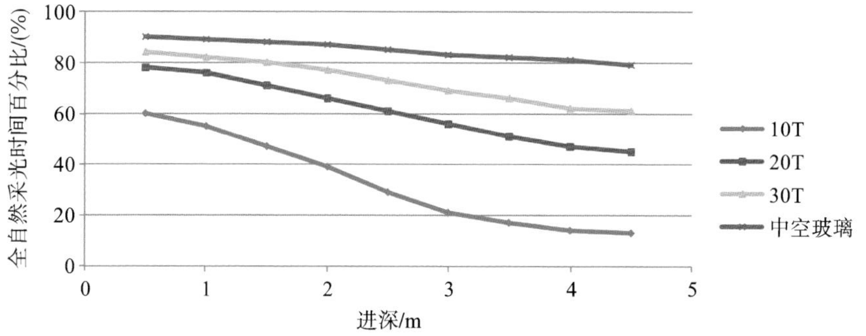

图 4-45　东南向室内全自然采光时间百分比分布图

(图片来源:作者自绘)

10T、20T、30T 光伏玻璃和中空玻璃在满足采光可接受状态下的进深范围百分比分别为 23.53%、74.51%、100.00%和 100.00%;满足采光理想状态下的进深范围百分比分别为 0.00%、27.45%、54.90%和 100.00%。由此可知,在幕墙朝向为东南向时,三种透光率的光伏玻璃中仅有 30T 光伏玻璃在全覆盖应用形式下室内空间均可达到采光可接受状态。

如图 4-46 所示,在西向工况下,不同透光率光伏玻璃和中空玻璃的全自然采光时间百分比分布范围:10T 光伏玻璃为 12%~57%,20T 光伏玻璃为

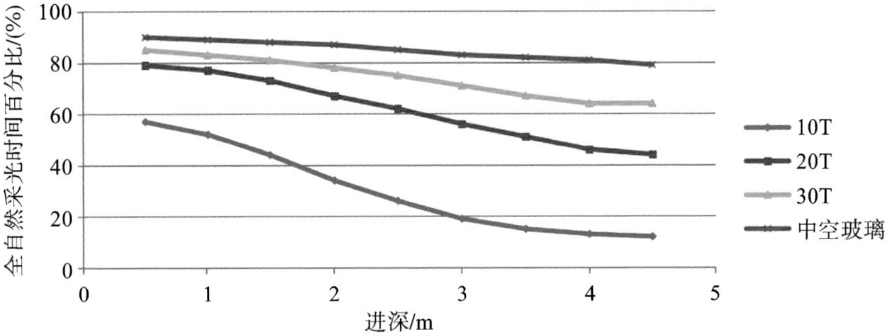

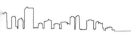

图 4-46　西向室内全自然采光时间百分比分布图

(图片来源:作者自绘)

44%～79%,30T 光伏玻璃为 64%～85%,中空玻璃为 79%～90%。

各透光率光伏玻璃和中空玻璃在满足采光可接受状态下的进深范围百分比分别为 17.65%、74.51%、100.00%和 100.00%;满足采光理想状态下的进深范围百分比分别为 0.00%、31.37%、58.82%和 100.00%。由此可知,在幕墙朝向为西向时,三种透光率的光伏玻璃中仅有 30T 光伏玻璃在全覆盖应用形式下室内空间均可达到采光可接受状态。

如图 4-47 所示,幕墙朝向为东时,不同透光率光伏玻璃和中空玻璃的全自然采光时间百分比分布范围:10T 光伏玻璃为 11%～57%,20T 光伏玻璃为 40%～78%,30T 光伏玻璃为 60%～84%,中空玻璃为 79%～90%。

各透光率光伏玻璃和中空玻璃在满足采光可接受状态下的进深范围百分比分别为 15.69%、86.27%、100.00%和 100.00%;满足采光理想状态下的进深范围百分比分别为 0.00%、23.53%、54.91%和 100.00%。

通过对不同朝向下三种透光率光伏玻璃和中空玻璃进行全自然采光时间百分比综合分析可知,三种透光率的光伏玻璃中仅有 30T 光伏玻璃在各朝向采用全覆盖形式时,室内空间均可达到采光可接受状态,10T 和 20T 光伏玻璃可采用与中空玻璃相结合的方式应用,从而提升室内光环境采光量。

通过本章节的分析,主要得出如下结论。

①采用实验实测方式,确定了五种光伏玻璃样品的光谱分布图,并利用软件 Optics、WINDOW 7.6 计算分析,确定了光伏样品的可见光透射率、可见光反射率、太阳能透射率、太阳能反射率、总传热系数、太阳得热系数等参

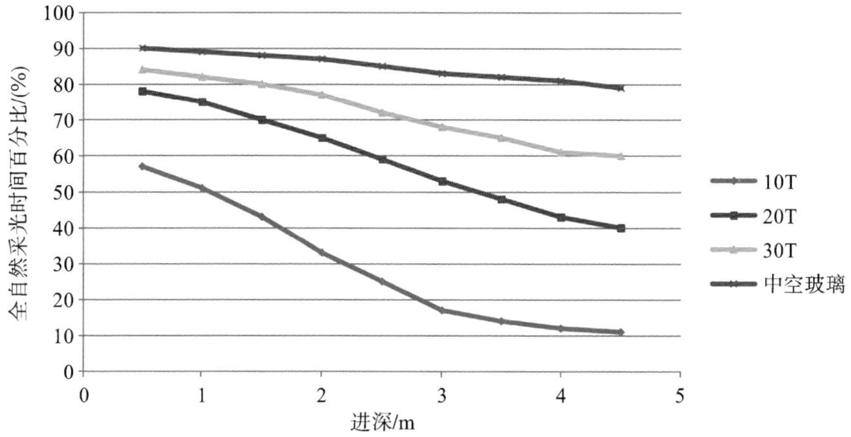

图 4-47　东向室内全自然采光时间百分比分布图

（图片来源：作者自绘）

数，为之后的模拟分析提供了更精确可信的数据支撑。

②通过对现有办公建筑设计规范进行分析研究，确定了武汉地区高层办公建筑基本办公空间单元模型。

③对不同类型光伏样本的室内色温和显色指数进行实验实测，发现光伏玻璃颜色会影响室内色温与显色指数，从而影响室内工作人员对颜色的识别。灰色原色光伏玻璃更适用于办公建筑的使用，棕色和绿色光伏玻璃会大幅改变室内自然光色。因此，在办公建筑立面幕墙上应用半透明薄膜光伏玻璃时，不能仅仅依据透光率来判断其在建筑中的适用性，也应综合考虑光伏玻璃颜色对室内光色环境产生的影响。

④分别采用全覆盖形式对 10T、20T、30T 三种不同透光率的光伏玻璃和传统中空玻璃进行室内光环境静态和动态模拟。根据不同类型玻璃在各朝向上的照度分析可知，光伏玻璃的应用可以大大缓解近窗处照度过大的问题，提高室内照度均匀度，减少直射眩光的产生；从全自然采光时间百分比数据可知，30T 光伏玻璃采用全覆盖幕墙应用形式时，在各朝向上均可达到采光可接受状态，10T 和 20T 光伏玻璃可采用与中空玻璃结合的应用方式提高室内光环境采光量。

第五章　幕墙典型替换形式方案优选

上一章通过采用照度、色温、显色指数和全自然采光时间百分比等评价指标，分别探讨了不同颜色和不同透光率光伏玻璃在立面幕墙上应用时对室内光环境的影响，得出光伏玻璃的应用具有提高室内照度均匀度，减少室内眩光产生的优势。三种透光率光伏玻璃中，仅有 30T 光伏玻璃在全覆盖应用模式下达到自然采光可接受状态，其他透光率光伏玻璃若要达到自然采光可接受状态或采光理想状态，需采用与中空玻璃组合使用的应用形式。

由于照度评价指标仅代表某一时刻室内采光量，且得出的结论无法量化室内采光量等级，因此本书接下来将采用全自然采光时间百分比作为评价指标，探究光伏玻璃与中空玻璃在不同组合形式下对室内光环境的影响。

根据对现有光伏建筑立面幕墙应用形式进行选型提取，选取横向组合与纵向组合两种典型形式进行探究，其应用外观如图 5-1 及图 5-2 所示。

图 5-1　纵向组合形式

图 5-2　横向组合形式

第一节　纵向组合形式

纵向组合形式中，光伏玻璃与中空玻璃组合间距的不同，对室内光环境造成的影响有差异。本节将采用极值法研究替换的中空玻璃采用中心集中布置、间隔分散布置和侧边分散布置的三种典型布置情况。为研究不同替换率对室内光环境的影响规律，等差设置中空玻璃替换百分比为20%、40%、60%、80%，以此为变量进行研究。

本书研究中，替换率指传统玻璃面积与采光口有效面积之比。其中采光口有效面积范围如图5-3所示：宽度为典型办公单元模型面宽8400 mm，高度为楼面高度750～2700 mm。

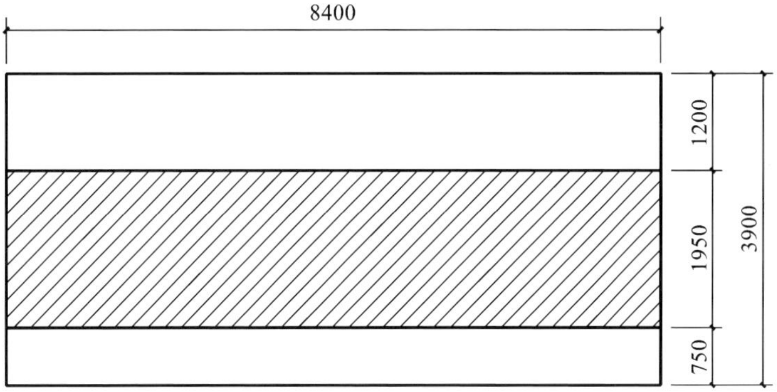

图5-3　光伏幕墙有效采光面积示意图

（图片来源：作者自绘）

一、纵向侧边替换形式

如图5-4所示，斜线填充部分为中空玻璃替换区域，分别以四种不同替换率从侧边等分替换，以探究这种替换形式下各朝向室内光环境的变化。

1. 南向

根据图5-5至图5-7可知，当朝向为南向时，随着中空玻璃替换率的增加，室内自然采光时间百分比逐渐升高，其变化趋势随着进深范围的增大而更明显。

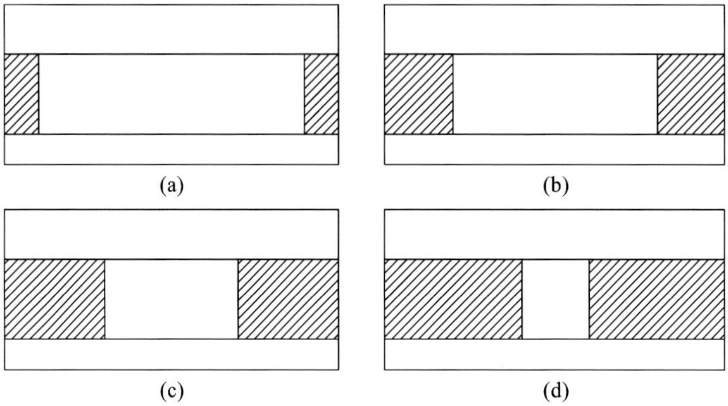

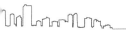

图 5-4　纵向侧边组合不同替换率示意图

(a)20％替换率；(b)40％替换率；(c)60％替换率；(d)80％替换率

（图片来源：作者自绘）

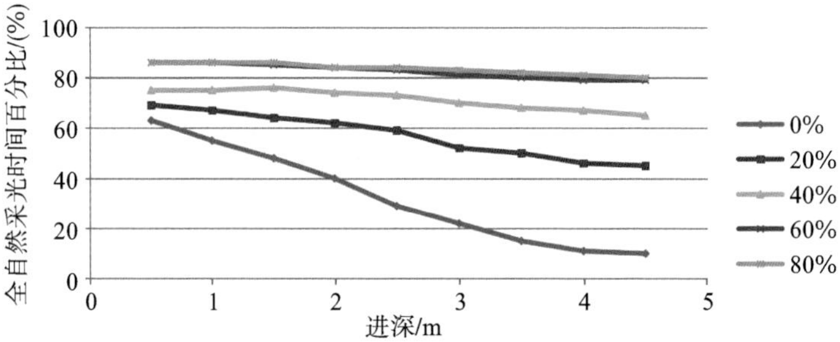

图 5-5　南向 10T 光伏玻璃全自然采光时间百分比分布

（图片来源：作者自绘）

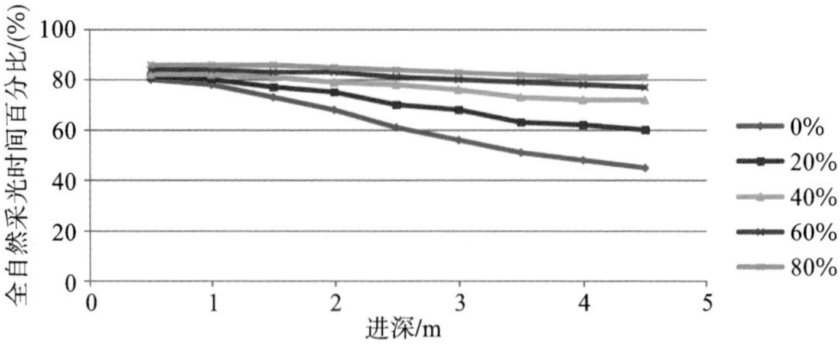

图 5-6　南向 20T 光伏玻璃全自然采光时间百分比分布

（图片来源：作者自绘）

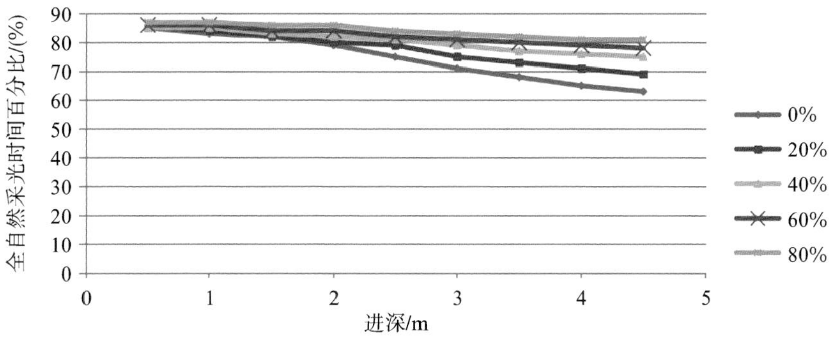

图 5-7　南向 30T 光伏玻璃全自然采光时间百分比分布

（图片来源：作者自绘）

相比全覆盖应用形式，10T 光伏玻璃在四种不同替换率下室内采光最不利点改善程度分别为 350%、550%、690%和 700%，20T 光伏玻璃在四种不同替换率下室内采光最不利点改善程度分别为 33%、60%、71%和 80%，30T 光伏玻璃在四种不同替换率下室内采光最不利点改善程度分别为 10%、19%、24%、29%。随着透光率的增加，替换率对室内光环境的改善程度逐渐降低。

根据图 5-8 可知，当朝向为南向时，替换率越高，室内采光量越多，当替换率达到 60%时，最不利测点全自然采光时间百分比趋于稳定。

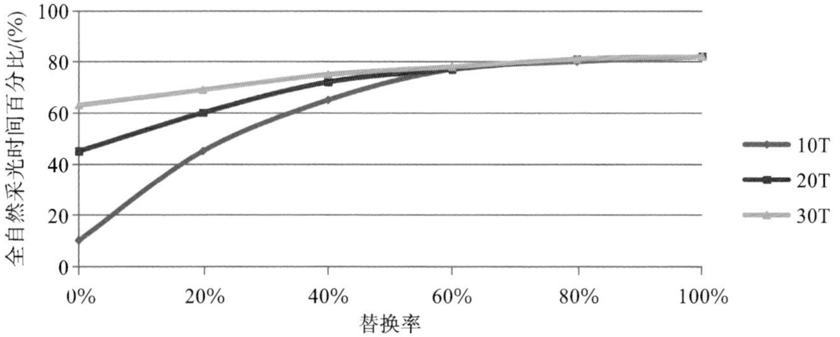

图 5-8　南向不同替换率下最不利测点全自然采光时间百分比分布

（图片来源：作者自绘）

采用插值法计算得出，10T、20T、30T 光伏玻璃使室内最不利测点达到采光可接受状态时，替换率分别为 30%、13%和 0%；达到采光理想状态时，替换率分别为54%、52%%和40%。

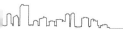

2.西南向

根据图5-9至图5-11可知,当朝向为西南向时,相比于全覆盖应用形式,10T光伏玻璃在四种不同替换率下对采光最不利测点改善程度分别为262%、408%、477%和523%,20T光伏玻璃在四种不同替换率下对采光最不利测点改善程度分别为27%、48%、60%和69%,30T光伏玻璃在四种不同替换率下对采光最不利测点改善程度分别为9%、19%、23%和27%。

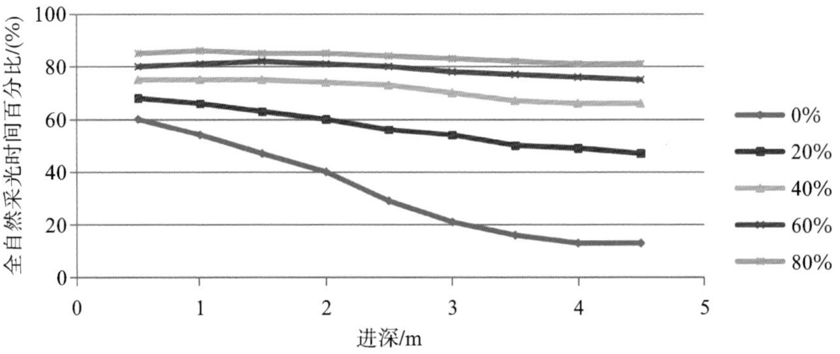

图5-9　西南向10T光伏玻璃全自然采光时间百分比分布

(图片来源:作者自绘)

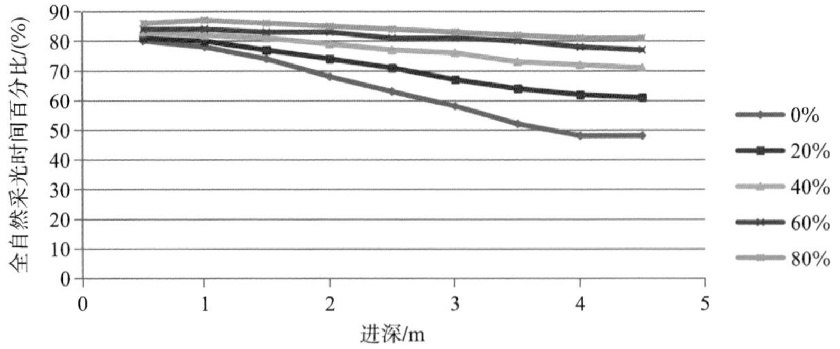

图5-10　西南向20T光伏玻璃全自然采光时间百分比分布

(图片来源:作者自绘)

根据图5-12可知,当朝向为西南向时,若要使室内最不利测点达到采光可接受状态,10T、20T、30T光伏玻璃替换率分别为28.42%、10.77%和0.00%;若要使室内最不利测点达到采光理想状态,10T、20T、30T光伏玻璃替换率分别为60%、53%和37%。

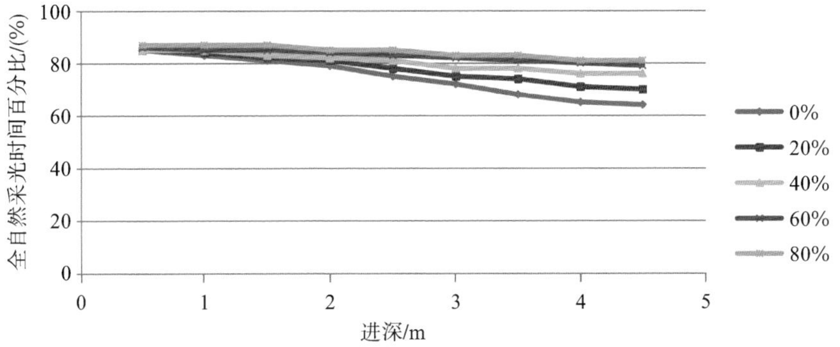

图 5-11　西南向 30T 光伏玻璃全自然采光时间百分比分布

（图片来源：作者自绘）

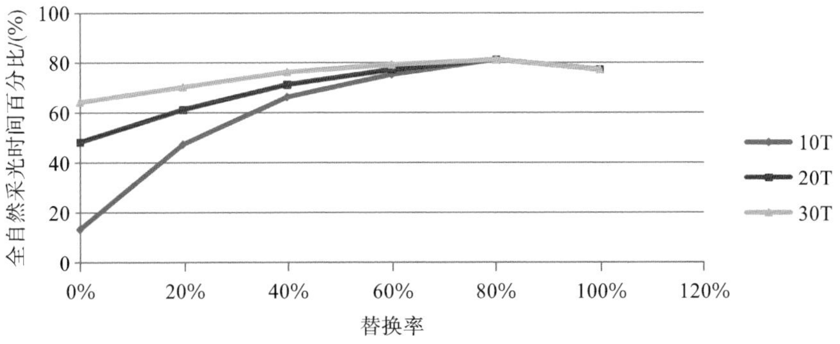

图 5-12　西南向不同替换率下最不利测点全自然采光时间百分比分布

（图片来源：作者自绘）

3. 东南向

根据图 5-13 至图 5-15 可知，当朝向为东南向时，相比于全覆盖应用形式，10T 光伏玻璃在四种不同替换率下对采光最不利测点改善程度分别为 231%、385%、461%和 508%，20T 光伏玻璃在四种不同替换率下对采光最不利测点改善程度分别为 33%、56%、69%和 78%，30T 光伏玻璃在四种不同替换率下对采光最不利测点改善程度分别为 13%、21%、26%和 31%。

根据图 5-16 可知，当朝向为东南向时，若要使室内最不利测点达到采光可接受状态，10T、20T、30T 光伏玻璃替换率分别为 32%、13%和 0%；若要

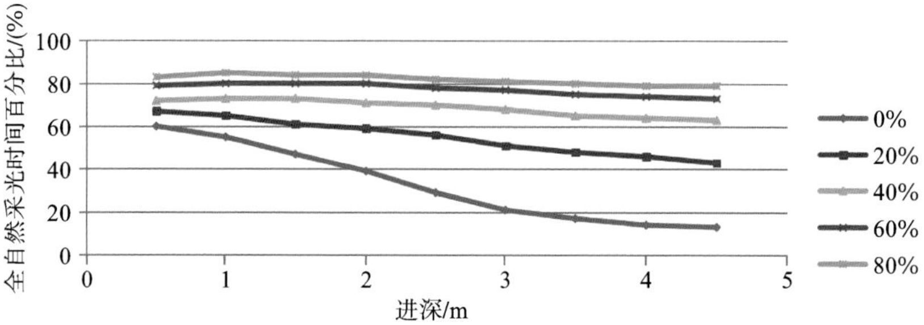

图 5-13　东南向 10T 光伏玻璃全自然采光时间百分比分布

（图片来源：作者自绘）

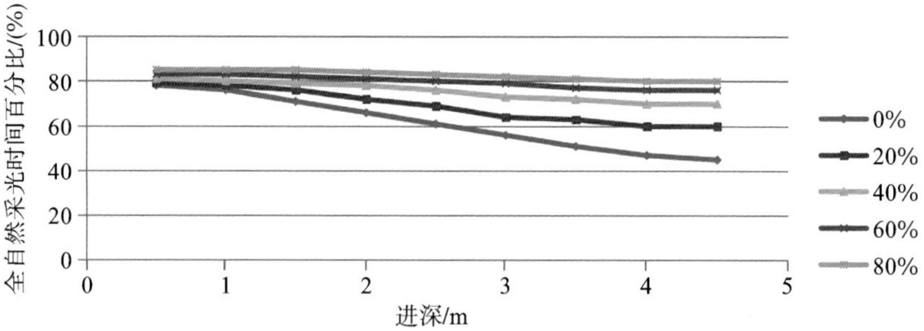

图 5-14　东南向 20T 光伏玻璃全自然采光时间百分比分布

（图片来源：作者自绘）

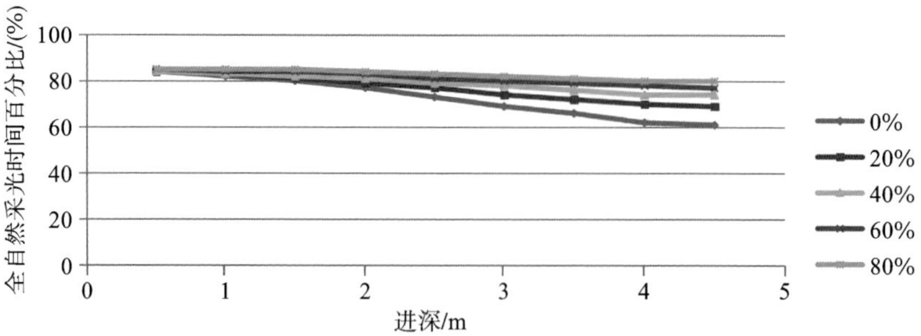

图 5-15　东南向 30T 光伏玻璃全自然采光时间百分比分布

（图片来源：作者自绘）

使室内最不利测点达到采光理想状态，10T、20T、30T 光伏玻璃替换率分别为 67%、57%和 47%。

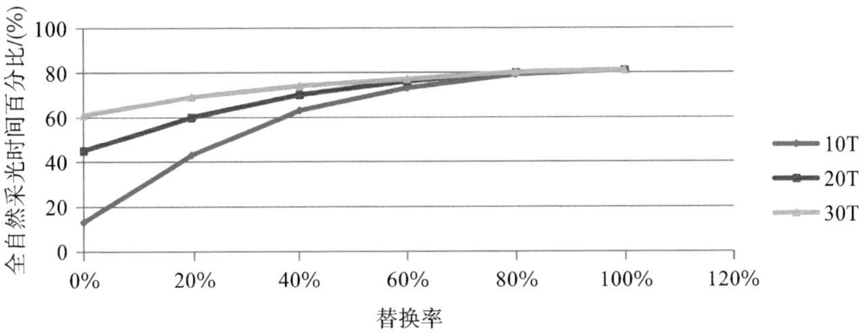

图 5-16　东南向不同替换率下最不利测点全自然采光时间百分比分布

（图片来源：作者自绘）

4. 西向

根据图 5-17 至图 5-19 可知，当朝向为西向时，侧边替换形式中，10T 光伏玻璃在四种不同替换率下对采光最不利测点改善程度分别为 262%、408%、477%和 523%，20T 光伏玻璃在四种不同替换率下对采光最不利测点改善程度分别为 27%、48%、60%和 69%，30T 光伏玻璃在四种不同替换率下对采光最不利测点改善程度分别为 9%、19%、23%和 27%。

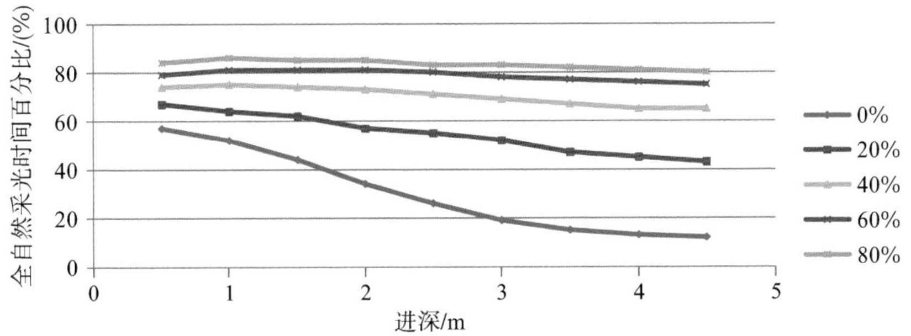

图 5-17　西向 10T 光伏玻璃全自然采光时间百分比分布

（图片来源：作者自绘）

根据图 5-20 可知，当朝向为西向时，若要使室内最不利测点达到采光可接受状态，10T、20T、30T 光伏玻璃替换率分别为 30%、12%和 0%；若要使室内最不利测点达到采光理想状态，10T、20T、30T 光伏玻璃替换率分别为 60%、54%和 40%。

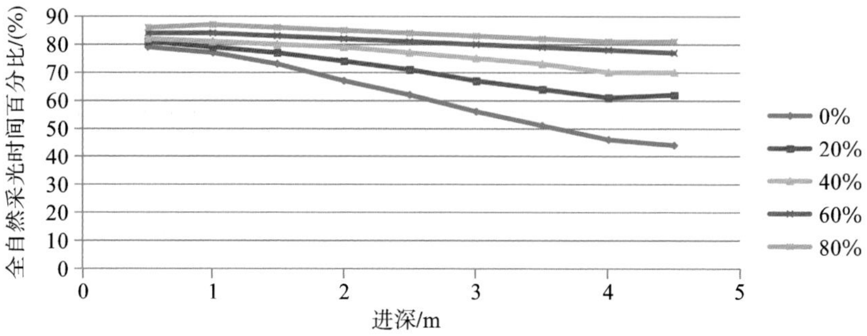

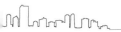

图 5-18 西向 20T 光伏玻璃全自然采光时间百分比分布

（图片来源：作者自绘）

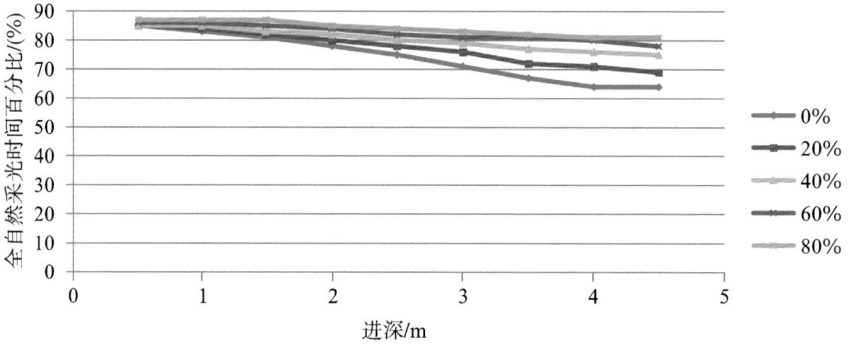

图 5-19 西向 30T 光伏玻璃全自然采光时间百分比分布

（图片来源：作者自绘）

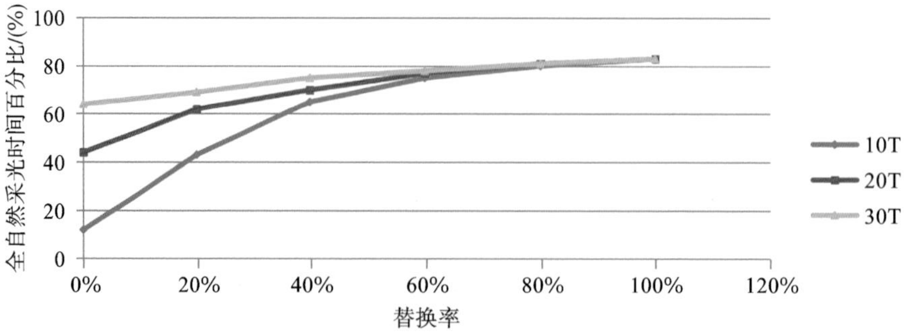

图 5-20 西向不同替换率下最不利测点全自然采光时间百分比分布

（图片来源：作者自绘）

5. 东向

如图 5-21 至图 5-23 所示，当朝向为东向时，在侧边替换形式中，10T 光伏玻璃在四种不同替换率下对采光最不利测点改善程度分别为 255%、464%、573%和 618%，20T 光伏玻璃在四种不同替换率下对采光最不利测点改善程度分别为 40%、73%、85%和 97%，30T 光伏玻璃在四种不同替换率下对采光最不利测点改善程度分别为 15%、22%、28%和 33%。

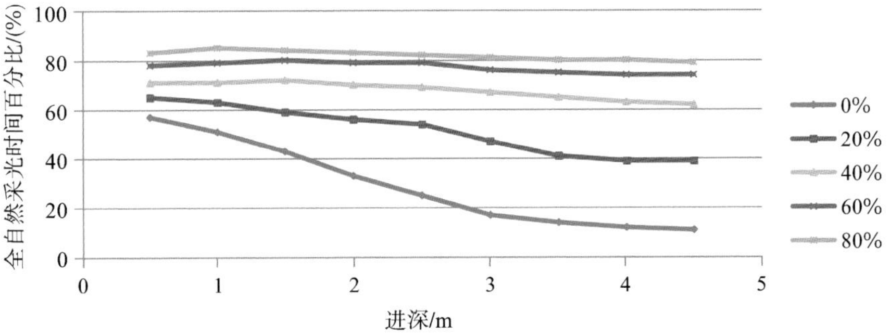

图 5-21　东向 10T 光伏玻璃全自然采光时间百分比分布

（图片来源：作者自绘）

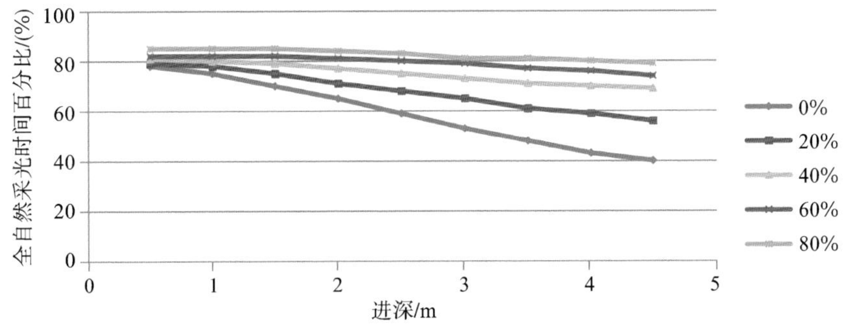

图 5-22　东向 20T 光伏玻璃全自然采光时间百分比分布

（图片来源：作者自绘）

如图 5-24 所示，当朝向为东向时，若要使室内最不利测点达到采光可接受状态，10T、20T、30T 光伏玻璃替换率分别为 33%、18%和 0%；若要使室内最不利测点达到采光理想状态，10T、20T、30T 光伏玻璃替换率分别为 64%、64%和 50%。

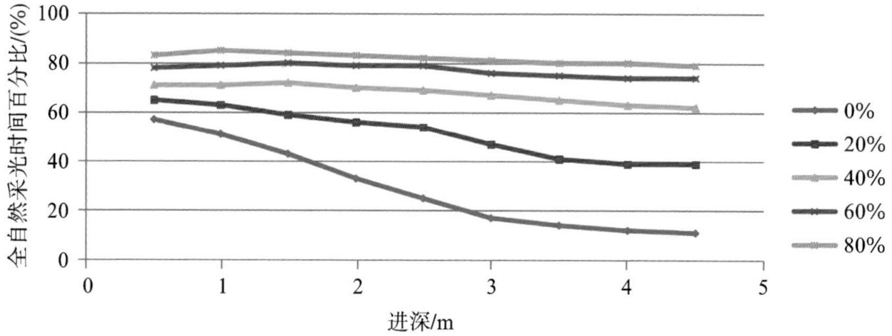

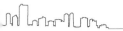

图 5-23　东向 30T 光伏玻璃全自然采光时间百分比分布

（图片来源：作者自绘）

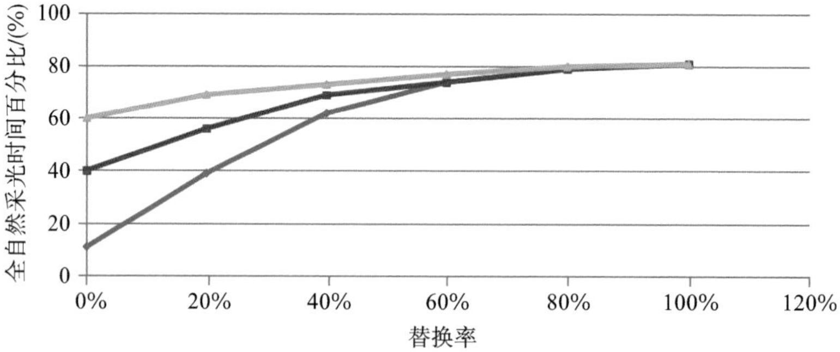

图 5-24　东向不同替换率下最不利测点全自然采光时间百分比分布

（图片来源：作者自绘）

二、纵向居中替换形式

如图 5-25 所示，斜线填充部分为中空玻璃替换区域，分别以四种不同替换率从中心等分替换，以探究此种替换形式下各朝向室内光环境的变化。

1. 南向

从图 5-26 至图 5-28 可知，在南向工况下，相比于全覆盖应用形式，10T 光伏玻璃在四种不同替换率下对室内采光最不利测点改善程度分别为 500%、630%、690%和 710%，20T 光伏玻璃在四种不同替换率下对室内采光最不利测点改善程度分别为 49%、69%、78%和 80%，30T 光伏玻璃在四

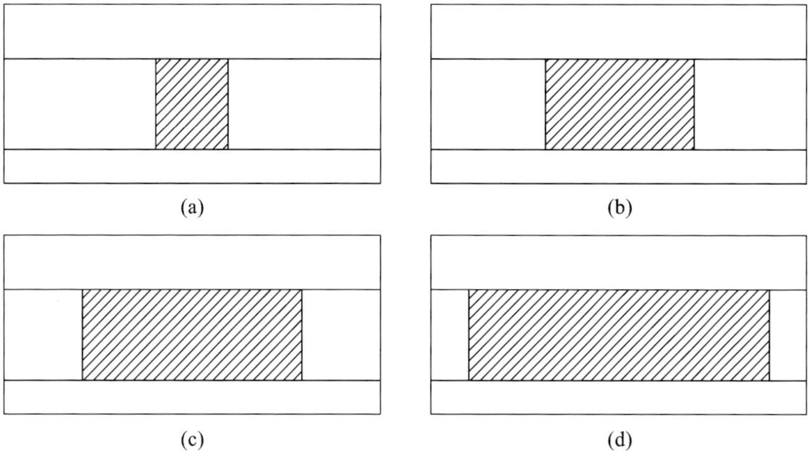

图 5-25　纵向中心组合不同替换率示意图

(a)20%替换率；(b)40%替换率；(c)60%替换率；(d)80%替换率

(图片来源：作者自绘)

种不同替换率下对室内采光最不利测点改善程度分别为16%、24%、27%和30%。

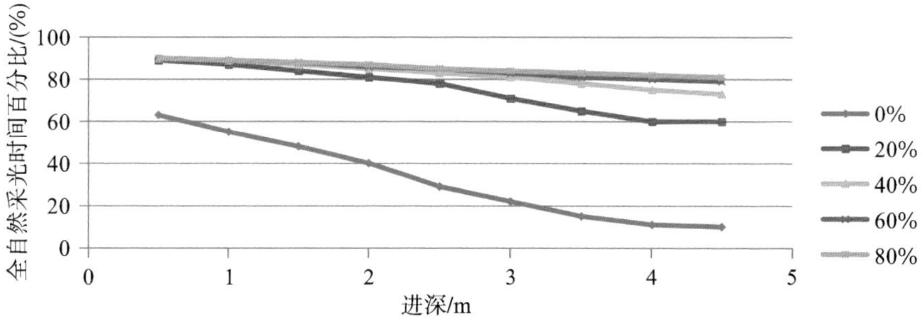

图 5-26　南向 10T 光伏玻璃全自然采光时间百分比分布

(图片来源：作者自绘)

根据图5-29可知，在南向工况下，若要使室内最不利测点达到采光可接受状态，10T、20T、30T 光伏玻璃替换率分别为18%、9%和0%；若要使室内最不利测点达到采光理想状态，10T、20T、30T 光伏玻璃替换率分别为47%、38%和28%。

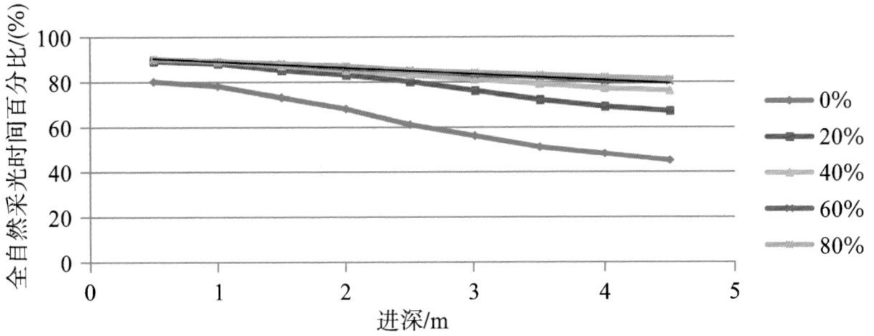

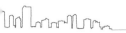

图 5-27　南向 20T 光伏玻璃全自然采光时间百分比分布

（图片来源：作者自绘）

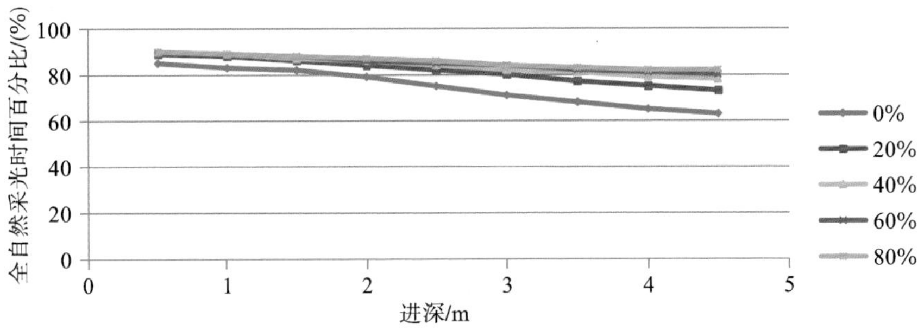

图 5-28　南向 30T 光伏玻璃全自然采光时间百分比分布

（图片来源：作者自绘）

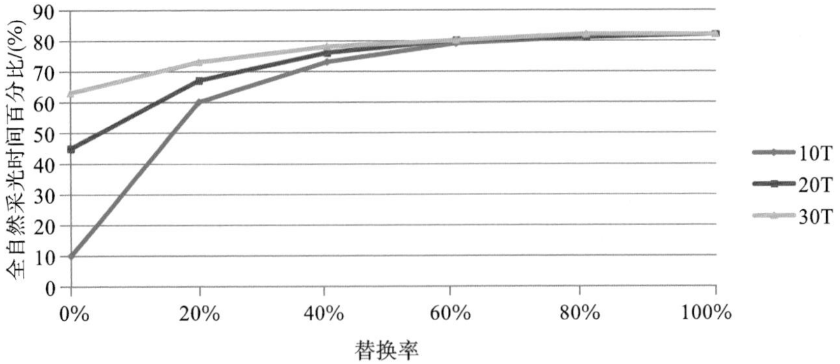

图 5-29　南向不同替换率下最不利测点全自然采光时间百分比分布

（图片来源：作者自绘）

2.西南向

根据图 5-30 至图 5-32 可知，在西南向工况下，10T 光伏玻璃在四种不同替换率下对室内采光最不利测点改善程度分别为 377%、469%、515%和523%，20T 光伏玻璃在四种不同替换率下对室内采光最不利测点改善程度分别为 42%、58%、67%和 71%，30T 光伏玻璃在四种不同替换率下对室内采光最不利测点改善程度分别为 15%、22%、27%和 28%。

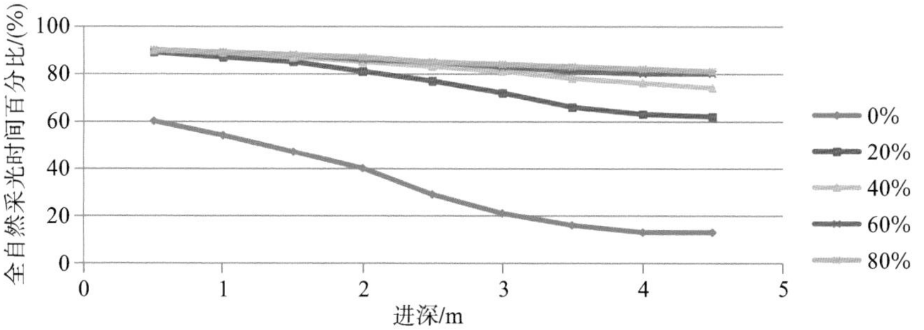

图 5-30　西南向 10T 光伏玻璃全自然采光时间百分比分布

（图片来源：作者自绘）

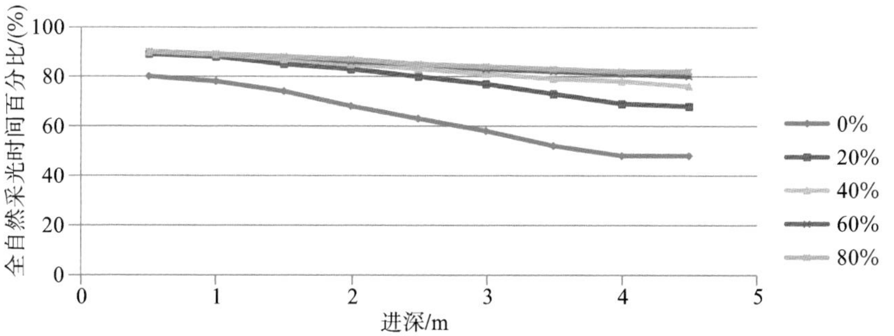

图 5-31　西南向 20T 光伏玻璃全自然采光时间百分比分布

（图片来源：作者自绘）

根据图 5-33 可知，在西南向工况下，若要使室内最不利测点达到采光可接受状态，10T、20T、30T 光伏玻璃替换率分别为 17%、7%和 0%；若要使室内最不利测点达到采光理想状态，10T、20T、30T 光伏玻璃替换率分别为47%、38%和 25%。

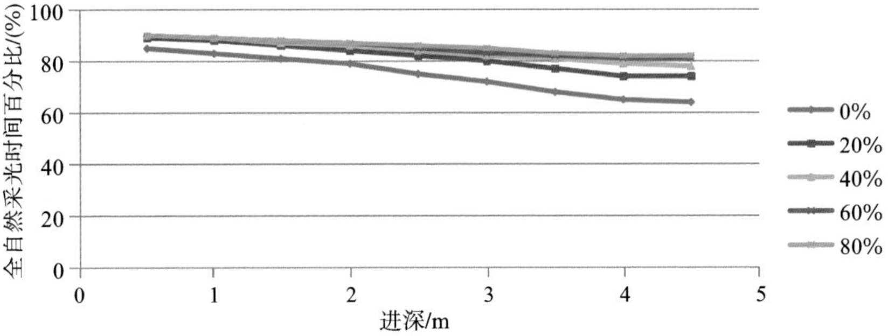

图 5-32　西南向 30T 光伏玻璃全自然采光时间百分比分布

（图片来源：作者自绘）

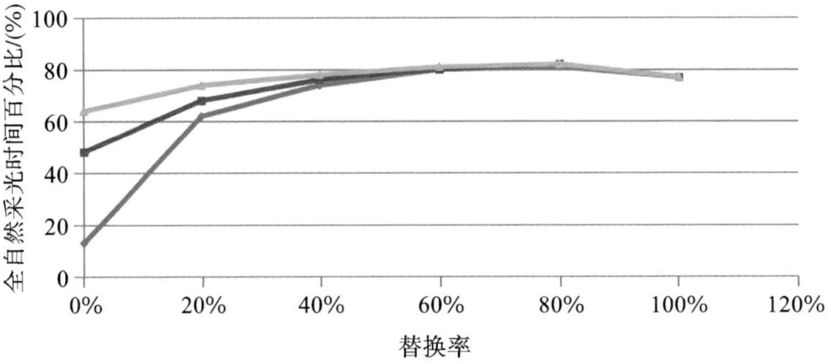

图 5-33　西南向不同替换率下最不利测点全自然采光时间百分比分布

（图片来源：作者自绘）

3. 东南向

根据图 5-34 至图 5-36 可知，在东南向工况下，10T 光伏玻璃在四种不同替换率下对室内采光最不利测点改善程度分别为 354％、462％、500％和 515％，20T 光伏玻璃在四种不同替换率下对室内采光最不利测点改善程度分别为 47％、64％、76％和 78％，30T 光伏玻璃在四种不同替换率下对室内采光最不利测点改善程度分别为 18％、24％、30％和 31％。

从图 5-37 可知，在东南向工况下，若要使室内最不利测点达到采光可接受状态，10T、20T、30T 光伏玻璃替换率分别为 18％、10％和 0％；若要使室内最不利测点达到采光理想状态，10T、20T、30T 光伏玻璃替换率分别为 48％、44％和 35％。

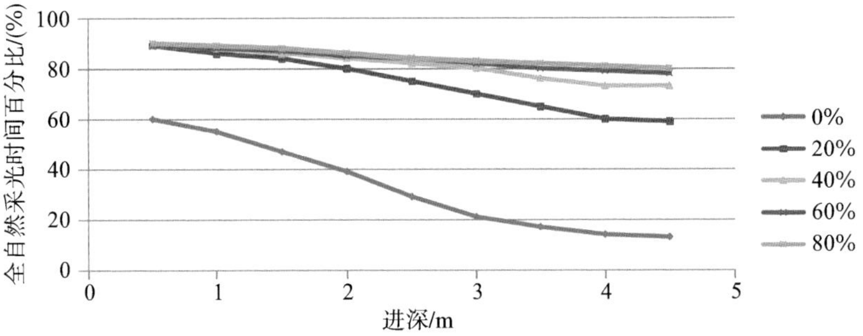

图 5-34　东南向 10T 光伏玻璃全自然采光时间百分比分布

（图片来源：作者自绘）

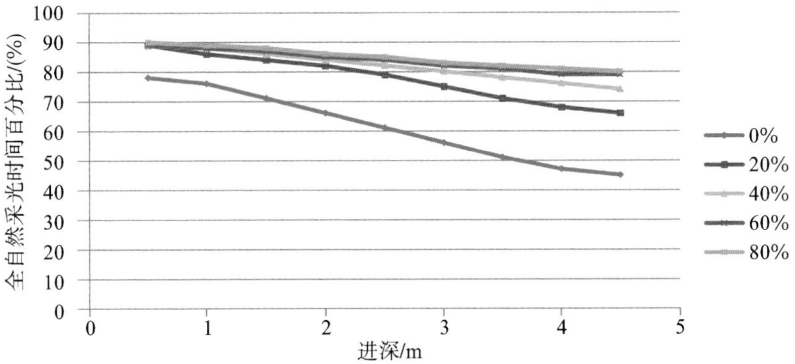

图 5-35　东南向 20T 光伏玻璃全自然采光时间百分比分布

（图片来源：作者自绘）

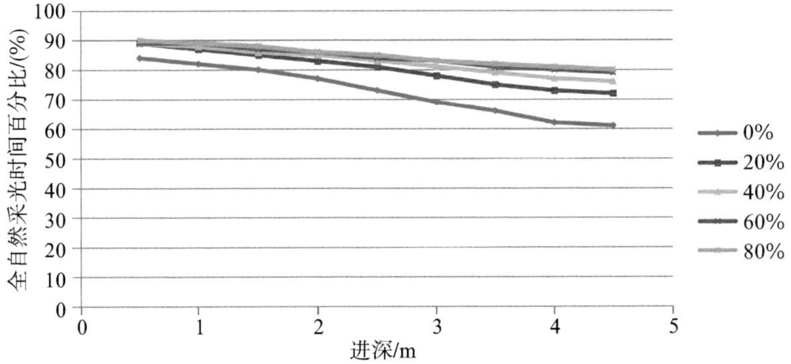

图 5-36　东南向 30T 光伏玻璃全自然采光时间百分比分布

（图片来源：作者自绘）

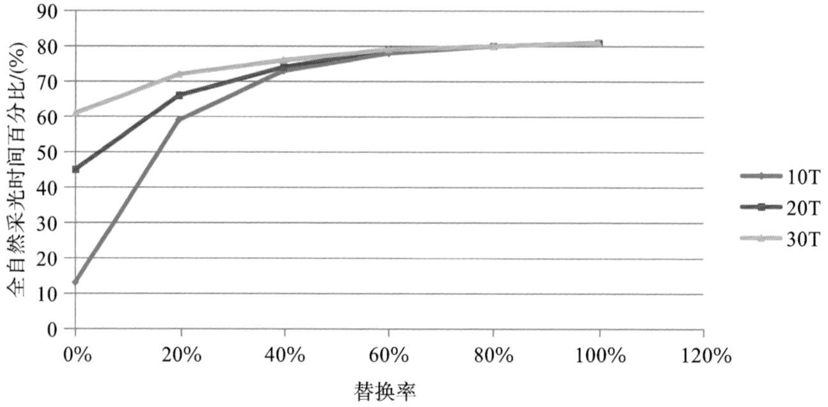

图 5-37　东南向不同替换率下最不利测点全自然采光时间百分比分布

(图片来源:作者自绘)

4. 西向

从图 5-38 至图 5-40 可知,在西向工况下,10T 光伏玻璃在四种不同替换率下对室内采光最不利测点改善程度分别为 408%、517%、550% 和 567%,20T 光伏玻璃在四种不同替换率下对室内采光最不利测点改善程度分别为 50%、73%、80% 和 82%,30T 光伏玻璃在四种不同替换率下对室内采光最不利测点改善程度分别为 13%、22%、23% 和 25%。

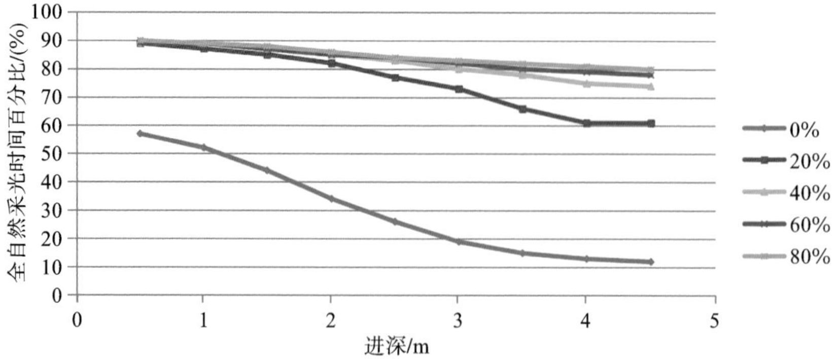

图 5-38　西向 10T 光伏玻璃全自然采光时间百分比分布

(图片来源:作者自绘)

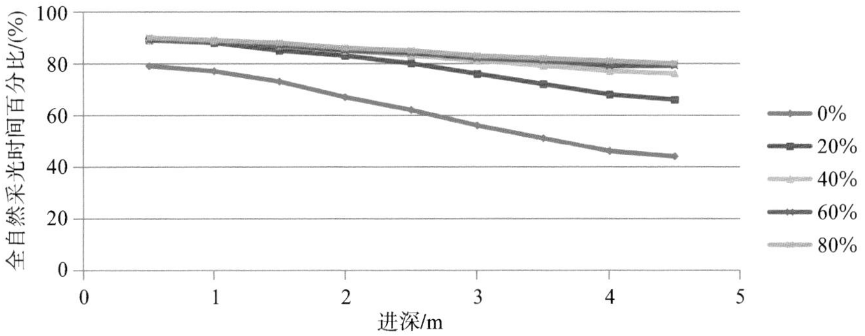

图 5-39　西向 20T 光伏玻璃全自然采光时间百分比分布

（图片来源：作者自绘）

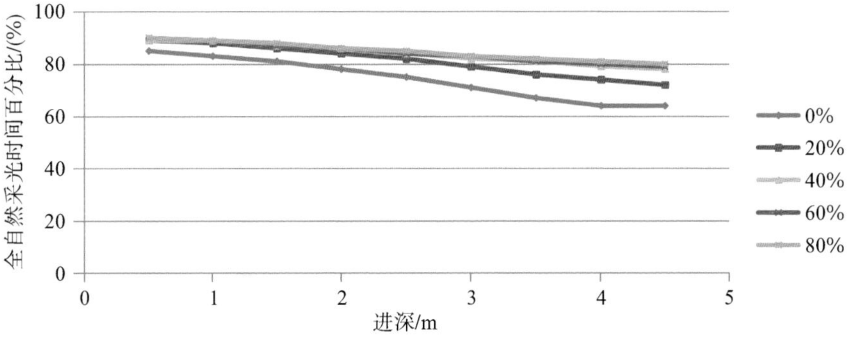

图 5-40　西向 30T 光伏玻璃全自然采光时间百分比分布

（图片来源：作者自绘）

根据图 5-41 可知，在西向工况下，若要使室内最不利测点达到采光可接受状态，10T、20T、30T 光伏玻璃替换率分别为 18%、10%和 0%；若要使室内最不利测点达到采光理想状态，10T、20T、30T 光伏玻璃替换率分别为 45%、33%和 30%。

5. 东向

从图 5-42 至图 5-44 可知，在东向工况下，10T 光伏玻璃在四种不同替换率下对室内采光最不利测点改善程度分别为 427%、555%、609%和 627%，20T 光伏玻璃在四种不同替换率下对室内采光最不利测点改善程度分别为 65%、85%、98%和 100%，30T 光伏玻璃在四种不同替换率下对室内采光最不利测点改善程度分别为 18%、27%、32%和 33%。

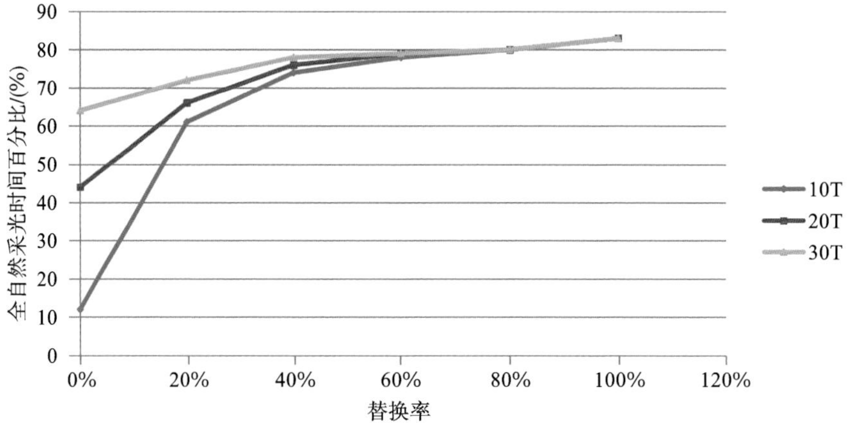

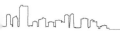

图 5-41　西向不同替换率下最不利测点全自然采光时间百分比分布

（图片来源：作者自绘）

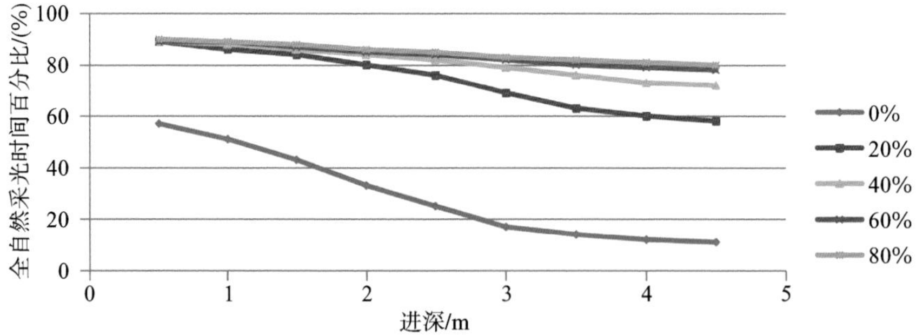

图 5-42　东向 10T 光伏玻璃全自然采光时间百分比分布

（图片来源：作者自绘）

根据图 5-45 可知，在东向工况下，若要使室内最不利测点达到采光可接受状态，10T、20T、30T 光伏玻璃替换率分别为 19%、12%和 0%；若要使室内最不利测点达到采光理想状态，10T、20T、30T 光伏玻璃替换率分别为 50%、44%和 36%。

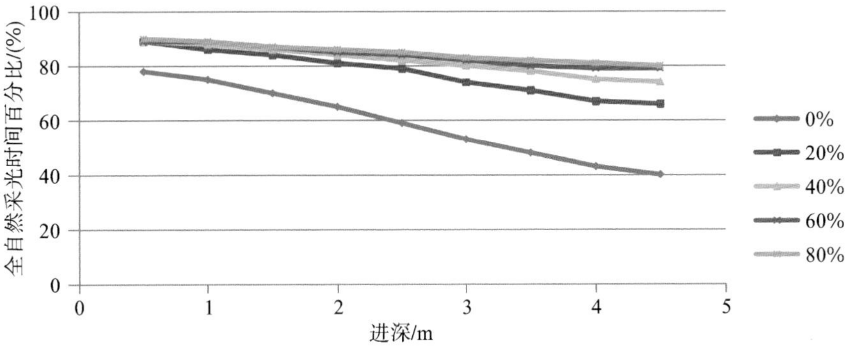

图 5-43 东向 20T 光伏玻璃全自然采光时间百分比分布

（图片来源：作者自绘）

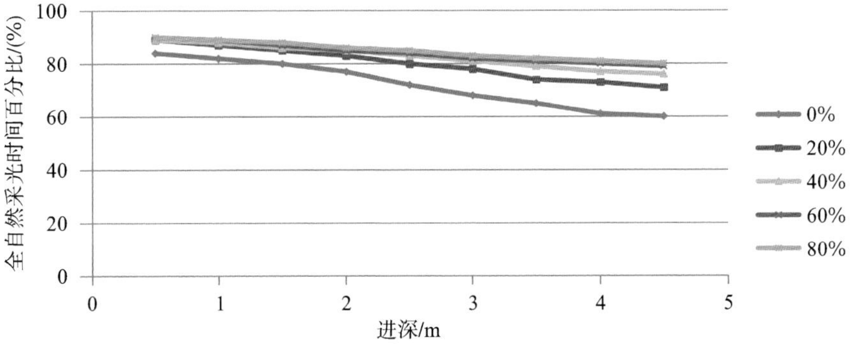

图 5-44 东向 30T 光伏玻璃全自然采光时间百分比分布

（图片来源：作者自绘）

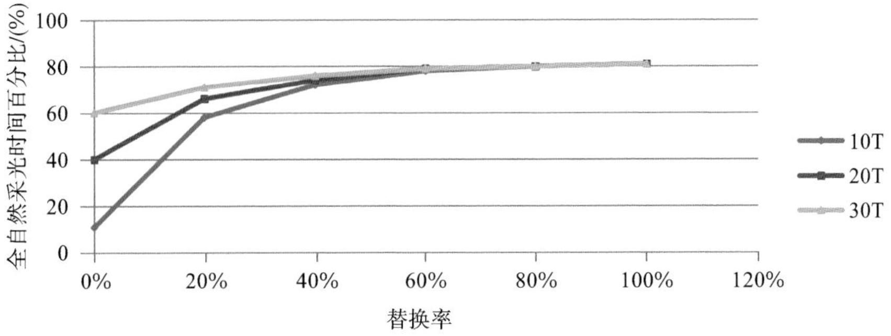

图 5-45 东向不同替换率下最不利测点全自然采光时间百分比分布

（图片来源：作者自绘）

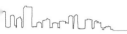

三、纵向间隔替换形式

如图 5-46 所示，斜线填充部分为中空玻璃替换区域，分别以四种不同替换率等分分隔替换，以探究此种替换形式下各朝向室内光环境的变化。

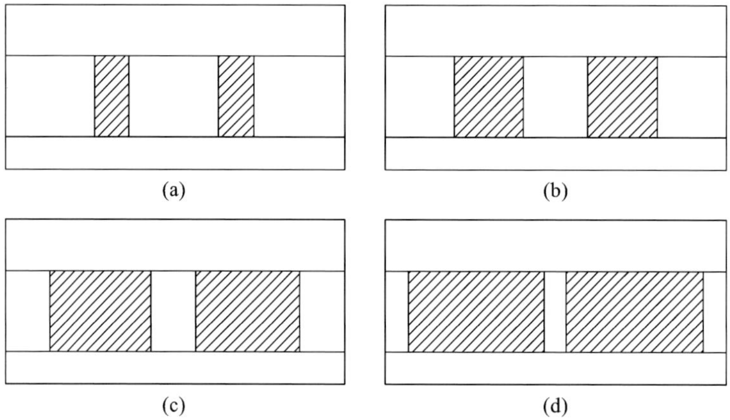

图 5-46　纵向间隔组合不同替换率示意图

(a)20％替换率；(b)40％替换率；(c)60％替换率；(d)80％替换率

（图片来源：作者自绘）

1. 南向

从图 5-47 至图 5-49 可知，在南向工况下，10T 光伏玻璃在四种不同替换率下对室内采光最不利测点改善程度分别为 460％、620％、680％和 710％，20T 光伏玻璃在四种不同替换率下对室内采光最不利测点改善程度分别为 42％、67％、76％和 80％，30T 光伏玻璃在四种不同替换率下对室内采光最不利测点改善程度分别为 13％、22％、27％和 29％。

根据图 5-50 所示，在南向工况下，若要使室内最不利测点达到采光可接受状态，10T、20T、30T 光伏玻璃替换率分别为 20％、11％和 0％；若要使室内最不利测点达到采光理想状态，10T、20T、30T 光伏玻璃替换率分别为 50％、40％和 33％。

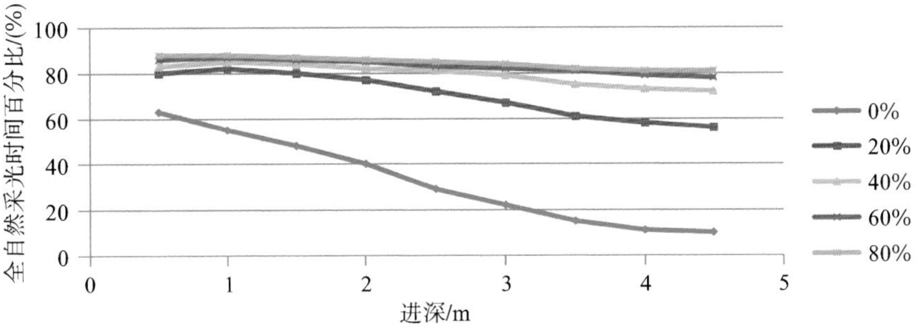

图 5-47　南向 10T 光伏玻璃全自然采光时间百分比分布

（图片来源：作者自绘）

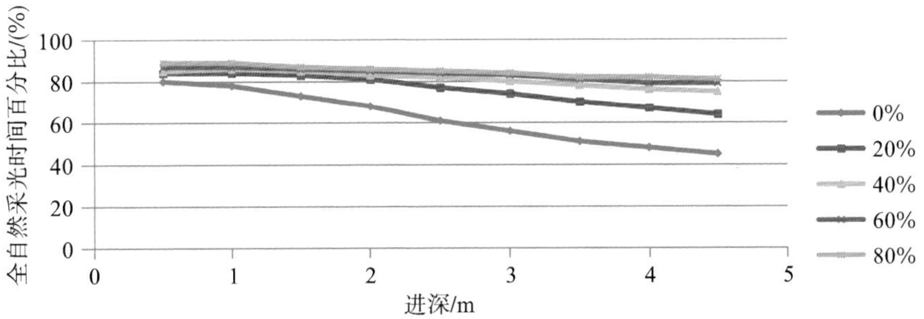

图 5-48　南向 20T 光伏玻璃全自然采光时间百分比分布

（图片来源：作者自绘）

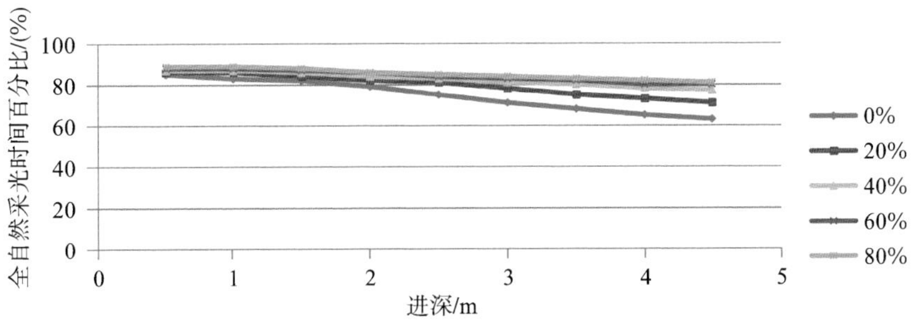

图 5-49　南向 30T 光伏玻璃全自然采光时间百分比分布

（图片来源：作者自绘）

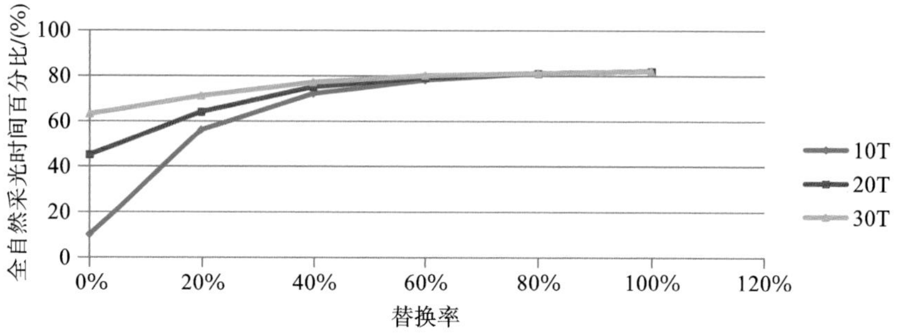

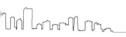

图 5-50　南向不同替换率下最不利测点全自然采光时间百分比分布

（图片来源：作者自绘）

2. 西南向

从图 5-51 至图 5-53 可知，在西南向工况下，10T 光伏玻璃在四种不同替换率下对室内采光最不利测点改善程度分别为 346%、454%、500%和 531%，20T 光伏玻璃在四种不同替换率下对室内采光最不利测点改善程度分别为 38%、48%、60%和 71%，30T 光伏玻璃在四种不同替换率下对室内采光最不利测点改善程度分别为 13%、20%、25%和 28%。

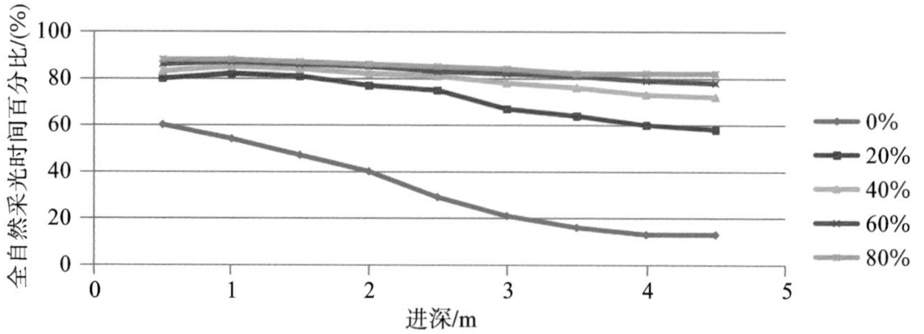

图 5-51　西南向 10T 光伏玻璃全自然采光时间百分比分布

（图片来源：作者自绘）

根据图 5-54 可知，在西南向工况下，若要使室内最不利测点达到采光可接受状态，10T、20T、30T 光伏玻璃替换率分别为 19%、7%和 0%；若要使室内最不利测点达到采光理想状态，10T、20T、30T 光伏玻璃替换率分别为 50%、53%和 32%。

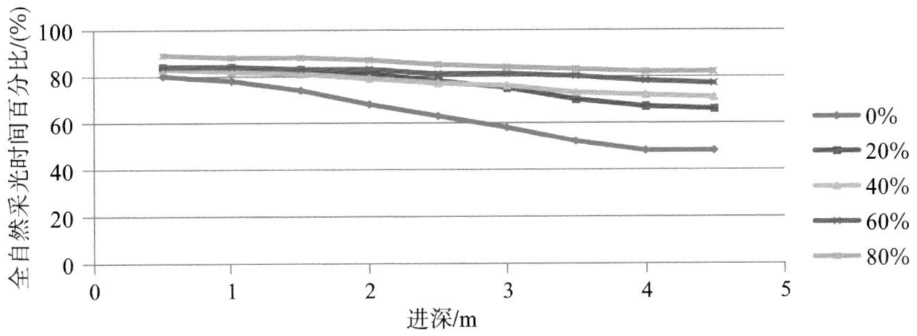

图 5-52　西南向 20T 光伏玻璃全自然采光时间百分比分布

（图片来源：作者自绘）

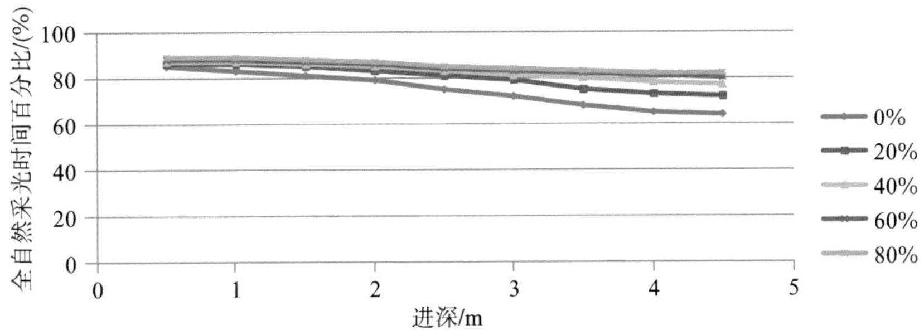

图 5-53　西南向 30T 光伏玻璃全自然采光时间百分比分布

（图片来源：作者自绘）

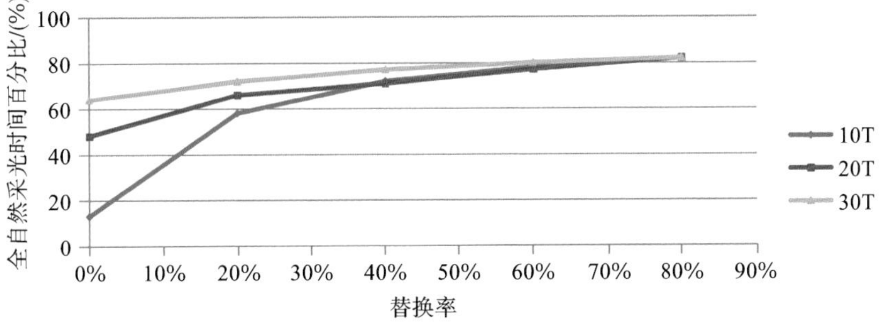

图 5-54　西南向不同替换率下最不利测点全自然采光时间百分比分布

（图片来源：作者自绘）

3. 东南向

根据图5-55至图5-57可知，在东南向工况下，10T光伏玻璃在四种不同替换率下对室内采光最不利测点改善程度分别为286%、407%、443%和471%，20T光伏玻璃在四种不同替换率下对室内采光最不利测点改善程度分别为42%、62%、73%和78%，30T光伏玻璃在四种不同替换率下对室内采光最不利测点改善程度分别为17%、23%、30%和31%。

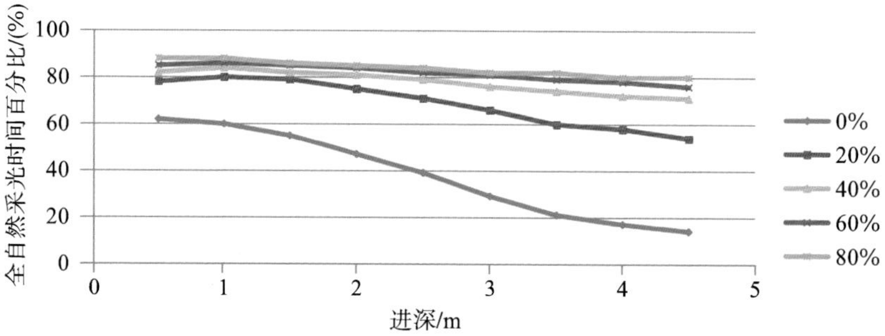

图5-55　东南向10T光伏玻璃全自然采光时间百分比分布

（图片来源：作者自绘）

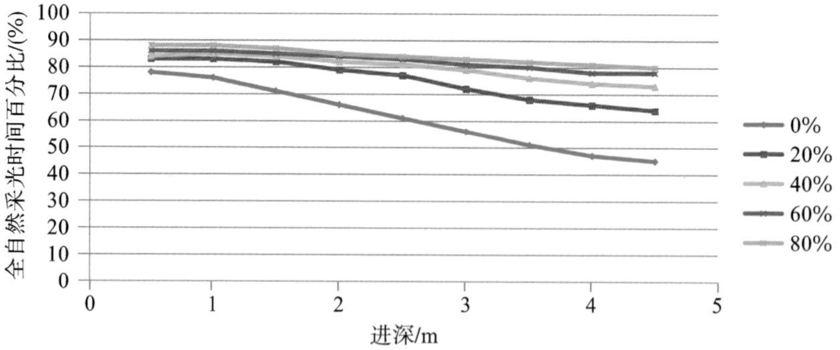

图5-56　东南向20T光伏玻璃全自然采光时间百分比分布

（图片来源：作者自绘）

根据图5-58可知，在东南向工况下，若要使室内最不利测点达到采光可接受状态，10T、20T、30T光伏玻璃替换率分别为21%、10%和0%；若要使室内最不利测点达到采光理想状态，10T、20T、30T光伏玻璃替换率分别为56%、48%和40%。

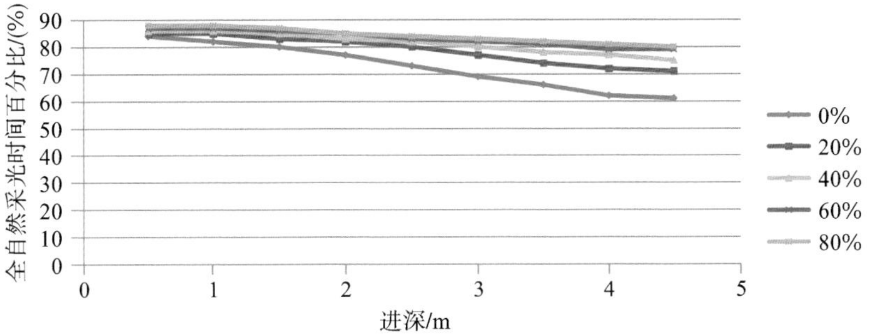

图 5-57　东南向 30T 光伏玻璃全自然采光时间百分比分布

（图片来源：作者自绘）

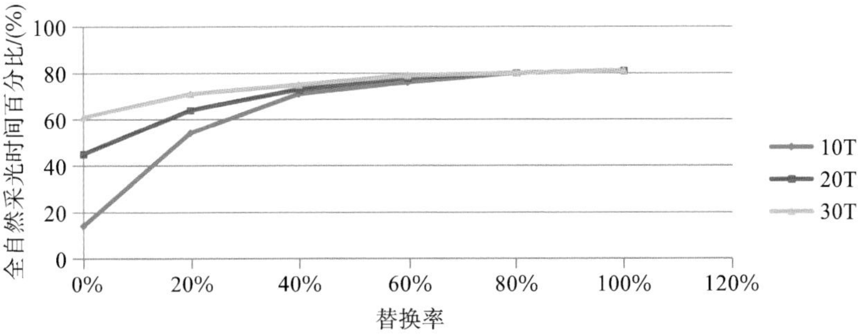

图 5-58　东南向不同替换率下最不利测点全自然采光时间百分比分布

（图片来源：作者自绘）

4. 西向

根据图 5-59 至图 5-61 可知，在西向工况下，10T 光伏玻璃在四种不同替换率下对室内采光最不利测点改善程度分别为 383%、492%、550%和 575%，20T 光伏玻璃在四种不同替换率下对室内采光最不利测点改善程度分别为 47%、70%、75%和 84%，30T 光伏玻璃在四种不同替换率下对室内采光最不利测点改善程度分别为 11%、17%、22%和 27%。

根据图 5-62 可知，在西向工况下，若要使室内最不利测点达到采光可接受状态，10T、20T、30T 光伏玻璃替换率分别为 19%、10%和 0%；若要使室内最不利测点达到采光理想状态，10T、20T、30T 光伏玻璃替换率分别为 51%、40%和 40%。

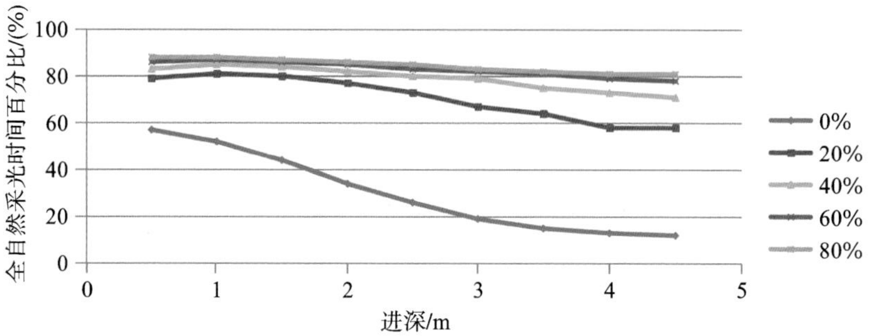

图 5-59　西向 10T 光伏玻璃全自然采光时间百分比分布

（图片来源：作者自绘）

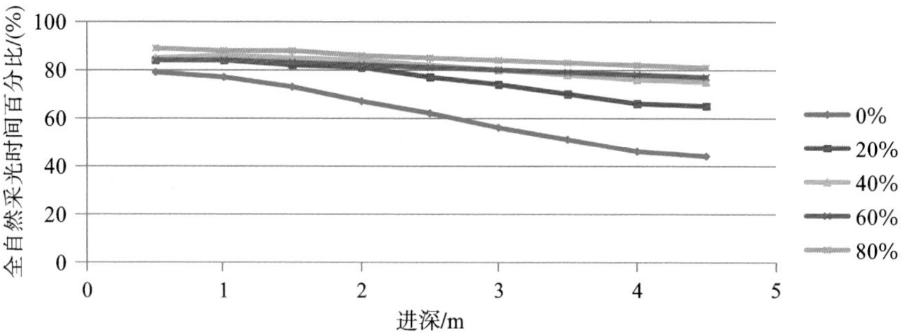

图 5-60　西向 20T 光伏玻璃全自然采光时间百分比分布

（图片来源：作者自绘）

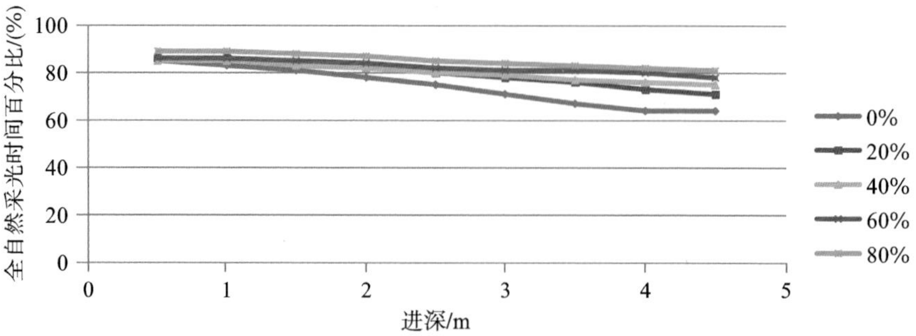

图 5-61　西向 30T 光伏玻璃全自然采光时间百分比分布

（图片来源：作者自绘）

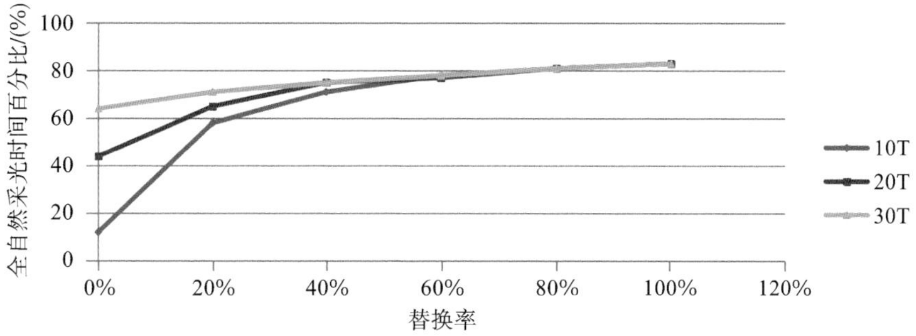

图 5-62　西向不同替换率下最不利测点全自然采光时间百分比分布

（图片来源：作者自绘）

5. 东向

根据图 5-63 至图 5-65 可知，在东向工况下，10T 光伏玻璃在四种不同替换率下对室内采光最不利测点改善程度分别为 391%、536%、591% 和 618%，20T 光伏玻璃在四种不同替换率下对室内采光最不利测点改善程度分别为 60%、82%、95% 和 100%，30T 光伏玻璃在四种不同替换率下对室内采光最不利测点改善程度分别为 18%、25%、28% 和 33%。

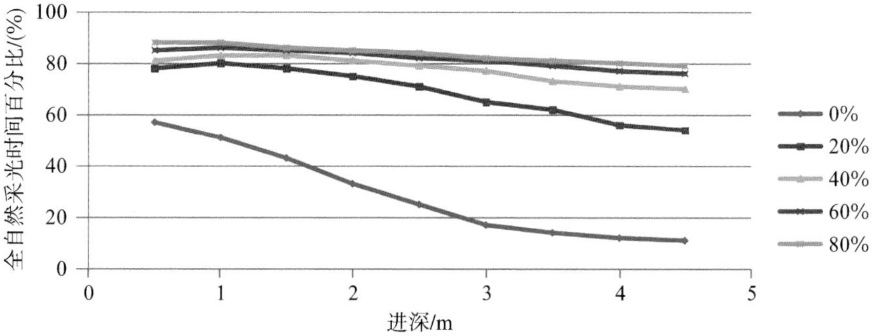

图 5-63　东向 10T 光伏玻璃全自然采光时间百分比分布

（图片来源：作者自绘）

根据图 5-66 可知，在东向工况下，若要使室内最不利测点达到采光可接受状态，10T、20T、30T 光伏玻璃替换率分别为 21%、13% 和 0%；若要使室内最不利测点达到采光理想状态，10T、20T、30T 光伏玻璃替换率分别为 56%、48% 和 40%。

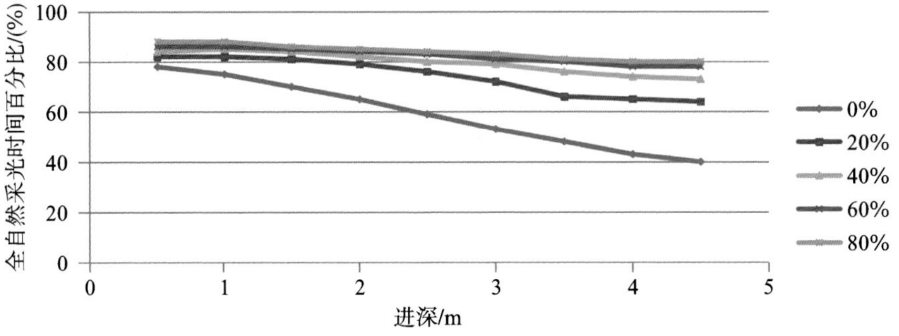

图 5-64　东向 20T 光伏玻璃全自然采光时间百分比分布

（图片来源：作者自绘）

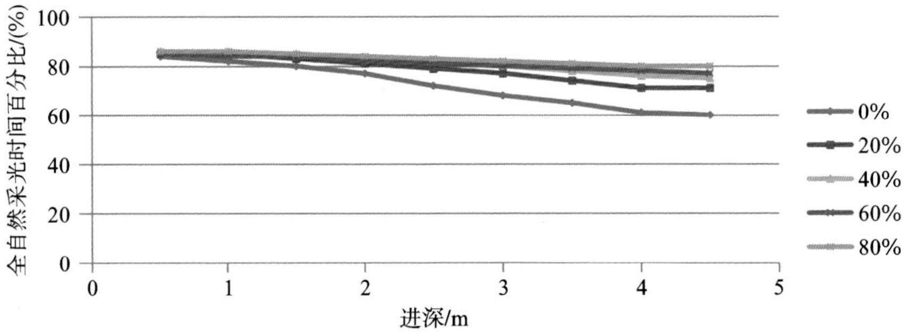

图 5-65　东向 30T 光伏玻璃全自然采光时间百分比分布

（图片来源：作者自绘）

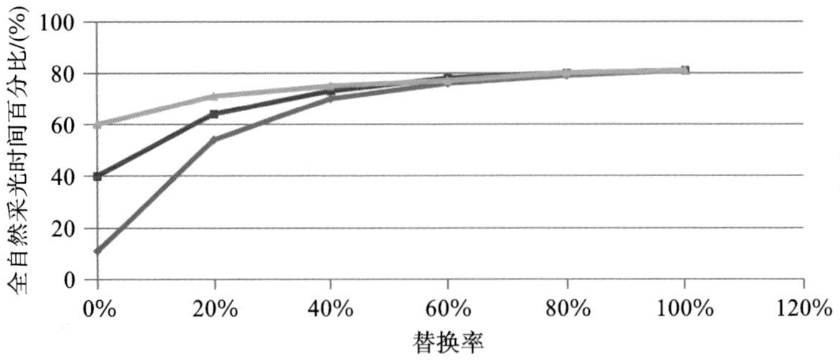

图 5-66　东向不同替换率下最不利测点全自然采光时间百分比分布

（图片来源：作者自绘）

本小节首先采用全自然采光时间百分比分析了三种纵向替换形式下不同朝向的室内采光量，并通过插值法得出了三种透光率光伏玻璃在各朝向达到采光可接受状态（55%≤DA<75%）和采光理想状态（DA>75%）的替换率，统计结果如图 5-67 和图 5-68 所示。

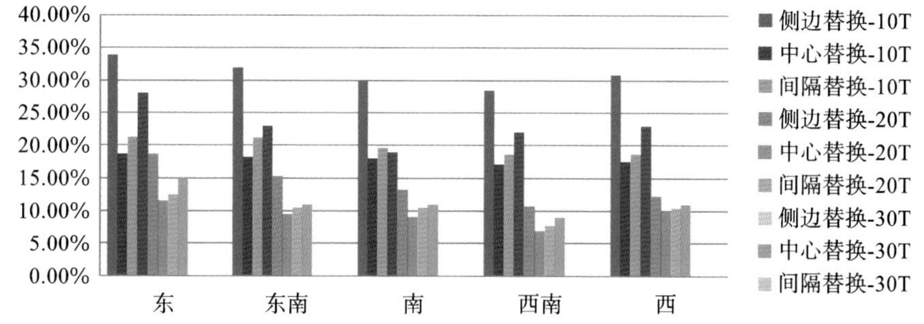

图 5-67 满足采光可接受状态下各透光率光伏玻璃替换百分比

（图片来源：作者自绘）

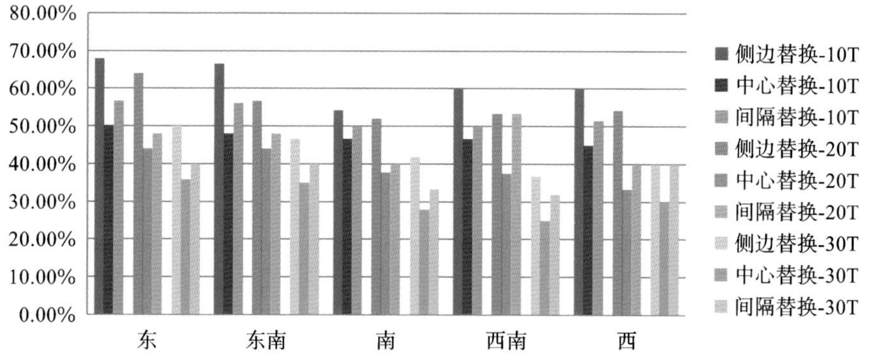

图 5-68 满足采光理想状态下各透光率光伏玻璃替换百分比

（图片来源：作者自绘）

根据图 5-67 和图 5-68 可知，若要使室内光环境达到可接受状态和理想状态，南向所需中空玻璃替换面积百分比最小，东向所需中空玻璃替换面积百分比最大，说明在五个不同朝向中，室内南向采光质量最好，其次为西南向、东南向、西向，东向采光量最低。

在不同替换形式下，若要使室内光环境达到同样标准水平，侧边替换形式所需中空玻璃面积最大，其次为间隔替换形式，中心替换形式所需面积最小。因此在实际应用中，为增大光伏玻璃覆盖率，可采用中心替换的方式进行设计。

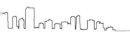

第二节　横向组合形式

由于工作面高度 750 mm 以下幕墙区域对室内采光影响不明显，且在幕墙实际设计中，下横梁多设于 800～1100 mm 高度，因此，本次研究将在 800 mm高度设置横向分隔，室内净高设置为 2700 mm，以此作为中空玻璃替换区域上限。综上可得，横向组合形式分析区域高度范围为楼地面以上 800～2700 mm。

下文将以 20％、40％、60％和 80％四种等差替换率分别研究中空玻璃位于横向偏上区域和横向偏下区域对室内光环境的影响。

一、横向偏上替换

如图 5-69 所示，斜线填充部分为中空玻璃替换区域，分别以四种不同替

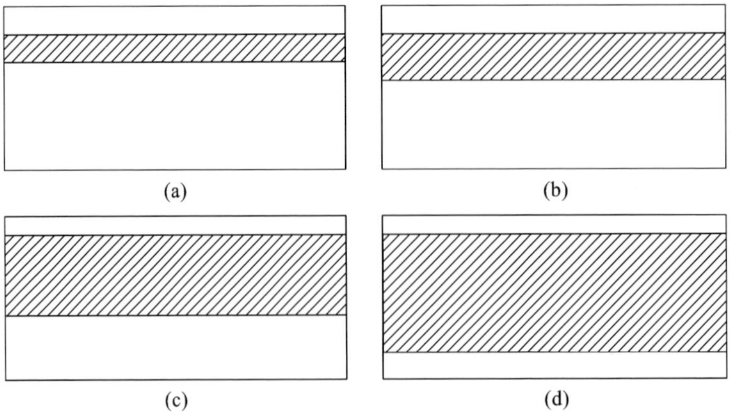

图 5-69　横向偏上组合不同替换率示意图

(a)20％替换率；(b)40％替换率；(c)60％替换率；(d)80％替换率

(图片来源：作者自绘)

换率等分分隔替换，以探究此种替换形式下各朝向室内光环境的变化。

1. 南向

根据图 5-70 至图 5-72 可知，当朝向为南向时，相比于全覆盖应用形式，10T 光伏玻璃在四种不同替换率下对室内采光最不利测点改善程度分别为 440%、610%、670%和 700%，20T 光伏玻璃在四种不同替换率下对室内采光最不利测点改善程度分别为 38%、64%、76%和 78%，30T 光伏玻璃在四种不同替换率下对室内采光最不利测点改善程度分别为 11%、22%、27%和 27%。

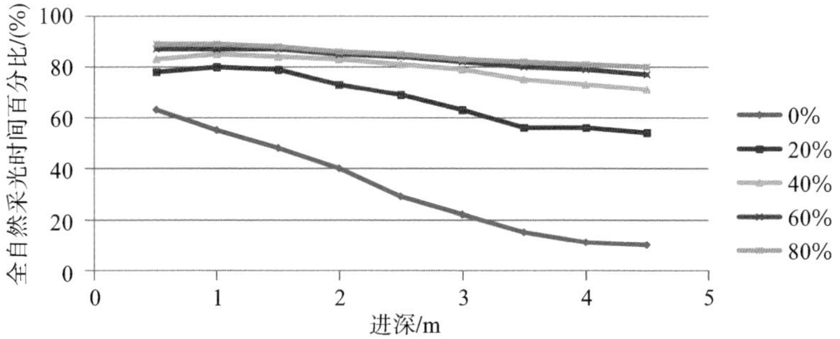

图 5-70　南向 10T 光伏玻璃全自然采光时间百分比分布

（图片来源：作者自绘）

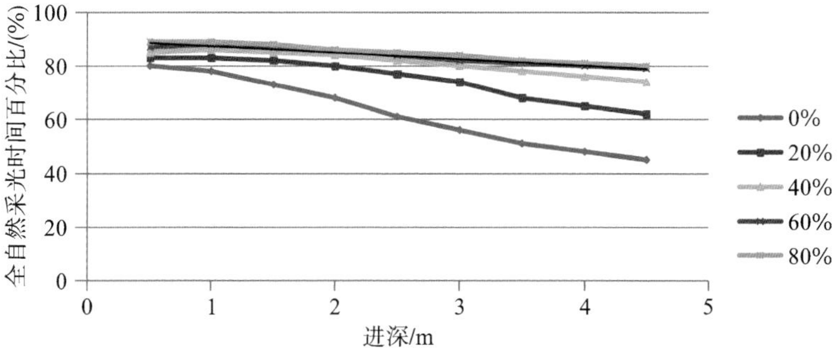

图 5-71　南向 20T 光伏玻璃全自然采光时间百分比分布

（图片来源：作者自绘）

根据图 5-73 可知，当朝向为南向时，若要使室内最不利测点达到采光可接受状态，10T、20T、30T 光伏玻璃替换率分别为 19%、12%和 0%；若要使室内最不利测点达到采光理想状态，10T、20T、30T 光伏玻璃替换率分别为 53%、44%和 34%。

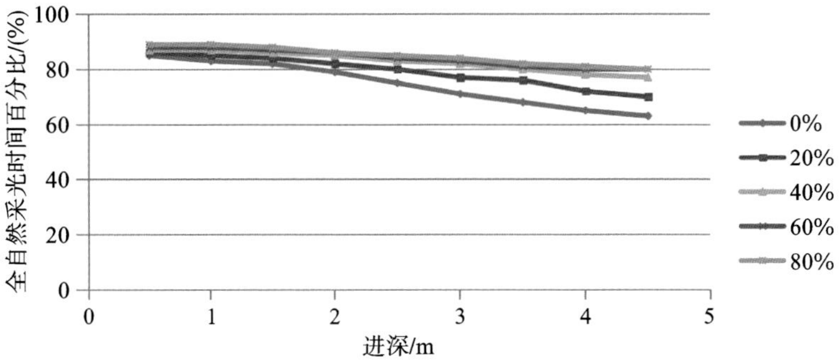

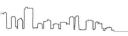

图 5-72　南向 30T 光伏玻璃全自然采光时间百分比分布

(图片来源:作者自绘)

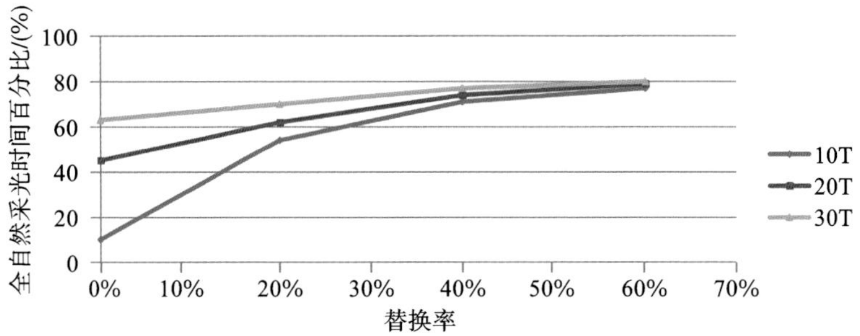

图 5-73　南向不同替换率下最不利测点全自然采光时间百分比分布

(图片来源:作者自绘)

2. 西南向

根据图 5-74 至图 5-76 可知，当朝向为西南向时，相比于全覆盖应用形式，10T 光伏玻璃在四种不同替换率下对室内采光最不利测点改善程度分别为 308%、446%、500%和 515%，20T 光伏玻璃在四种不同替换率下对室内采光最不利测点改善程度分别为 31%、58%、65%和 67%，30T 光伏玻璃在四种不同替换率下对室内采光最不利测点改善程度分别为 8%、20%、25%和 25%。

根据图 5-77 可知，当朝向为西南向时，若要使室内最不利测点达到采光可接受状态，10T、20T、30T 光伏玻璃替换率分别为 22%、9%和 0%；若要使室内最不利测点达到采光理想状态，10T、20T、30T 光伏玻璃替换率分别为 51%、38%和 35%。

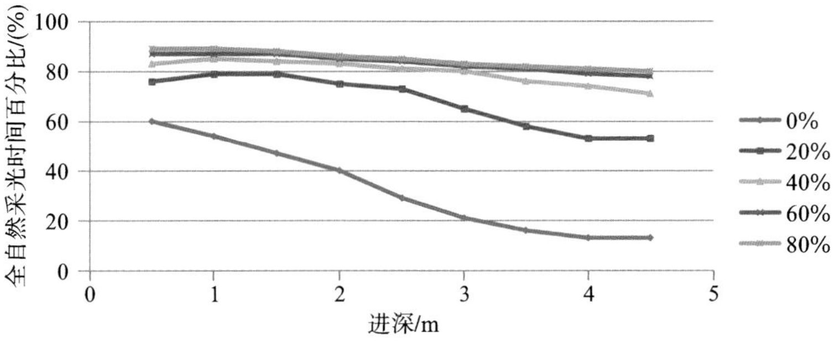

图 5-74　西南向 10T 光伏玻璃全自然采光时间百分比分布

（图片来源：作者自绘）

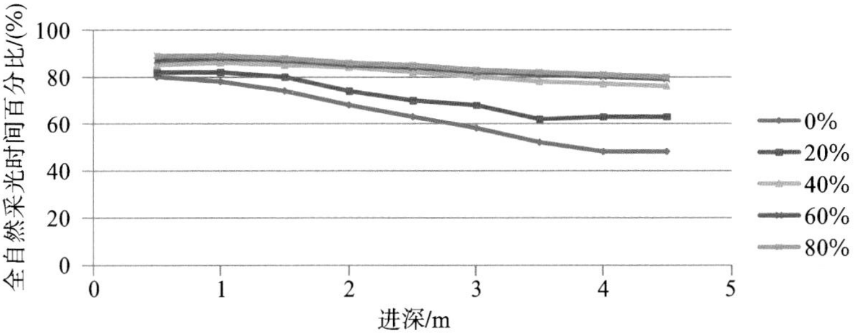

图 5-75　西南向 20T 光伏玻璃全自然采光时间百分比分布

（图片来源：作者自绘）

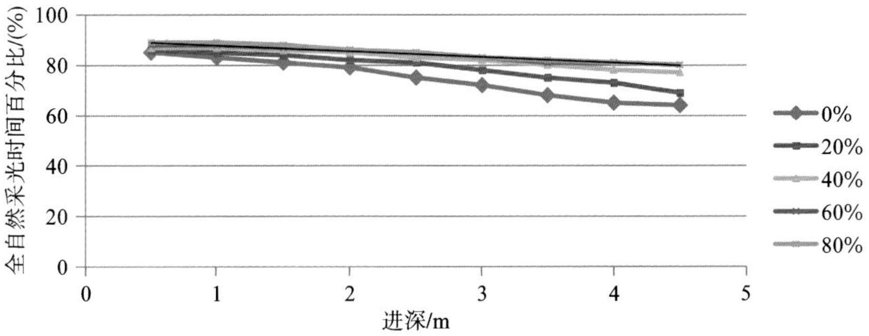

图 5-76　西南向 30T 光伏玻璃全自然采光时间百分比分布

（图片来源：作者自绘）

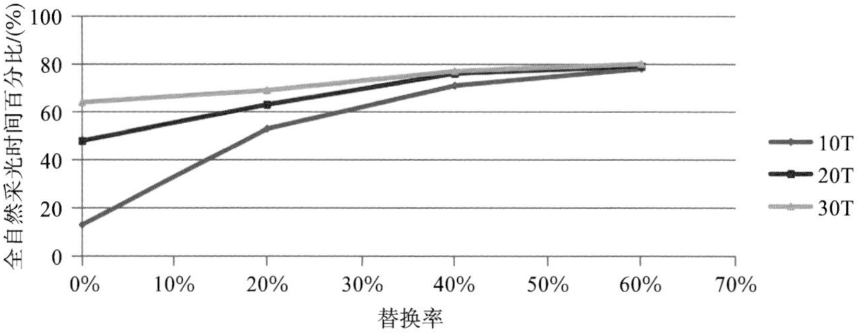

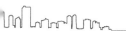

图 5-77　西南向不同替换率下最不利测点全自然采光时间百分比分布

（图片来源：作者自绘）

3. 东南向

根据图 5-78 至图 5-80 可知，当朝向为东南向时，相比于全覆盖应用形式，10T 光伏玻璃在四种不同替换率下对室内采光最不利测点改善程度分别为 300%、438%、485%和 508%，20T 光伏玻璃在四种不同替换率下对室内采光最不利测点改善程度分别为 36%、62%、71%和 76%，30T 光伏玻璃在四种不同替换率下对室内采光最不利测点改善程度分别为 16%、21%、28%和 30%。

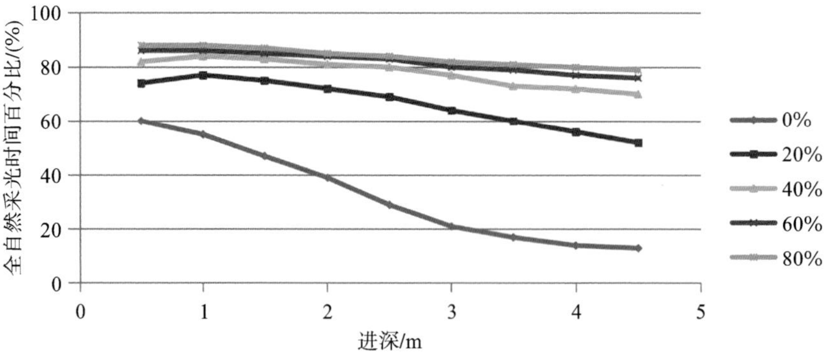

图 5-78　东南向 10T 光伏玻璃全自然采光时间百分比分布

（图片来源：作者自绘）

根据图 5-81 可知，当朝向为东南向时，若要使室内最不利测点达到采光可接受状态，10T、20T、30T 光伏玻璃替换率分别为 23%、13%和 0%；若要使室内最不利测点达到采光理想状态，10T、20T、30T 光伏玻璃替换率分别为 57%、50%和 45%。

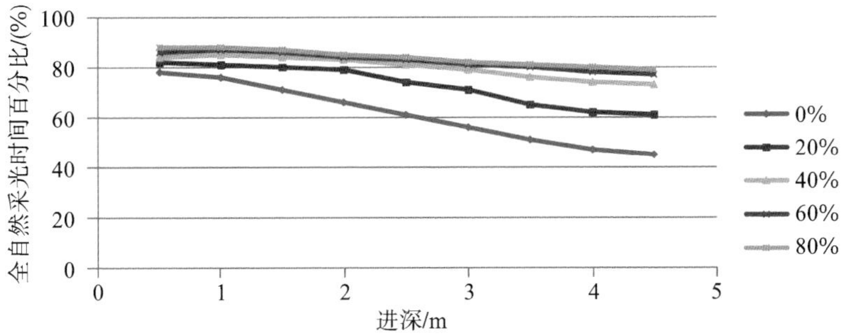

图 5-79　东南向 20T 光伏玻璃全自然采光时间百分比分布

（图片来源：作者自绘）

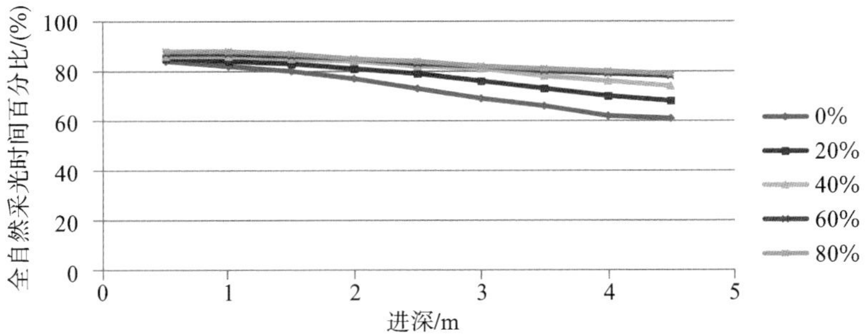

图 5-80　东南向 30T 光伏玻璃全自然采光时间百分比分布

（图片来源：作者自绘）

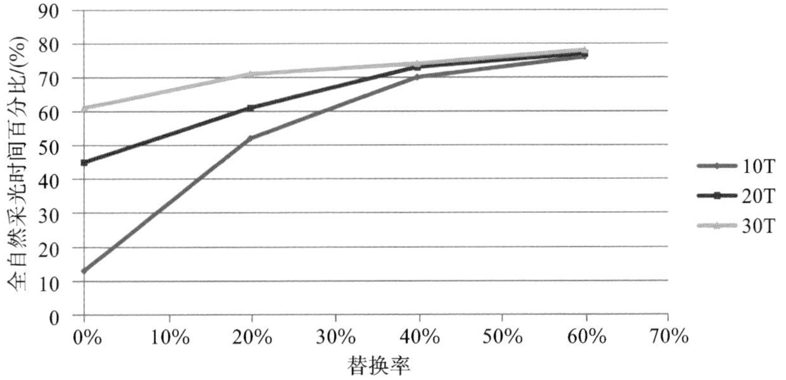

图 5-81　东南向不同替换率下最不利测点全自然采光时间百分比分布

（图片来源：作者自绘）

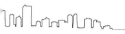

4. 西向

根据图 5-82 至图 5-84 可知，当朝向为西向时，相比于全覆盖应用形式，10T 光伏玻璃在四种不同替换率下对室内采光最不利测点改善程度分别为 333%、483%、550%和 567%，20T 光伏玻璃在四种不同替换率下对室内采光最不利测点改善程度分别为 45%、68%、80%和 82%，30T 光伏玻璃在四种不同替换率下对室内采光最不利测点改善程度分别为 8%、20%、25%和 25%。

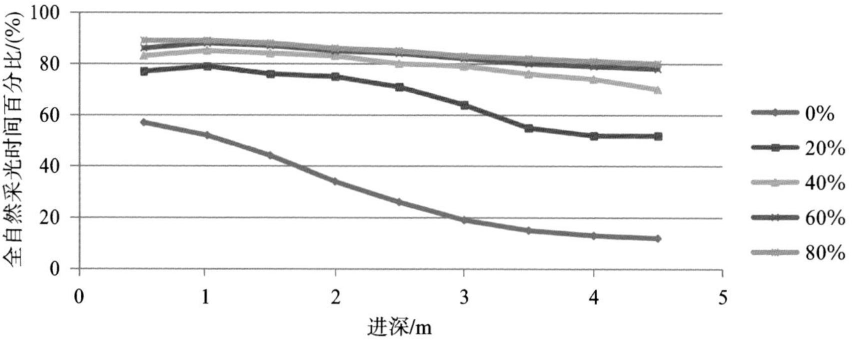

图 5-82 西向 10T 光伏玻璃全自然采光时间百分比分布

（图片来源：作者自绘）

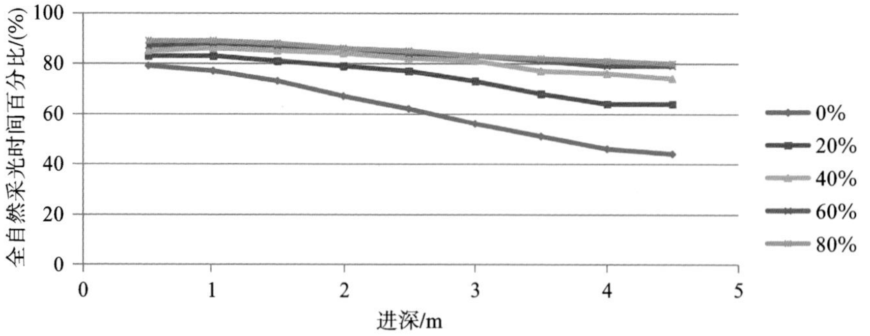

图 5-83 西向 20T 光伏玻璃全自然采光时间百分比分布

（图片来源：作者自绘）

根据图 5-85 可知，当朝向为西向时，若要使室内最不利测点达到采光可接受状态，10T、20T、30T 光伏玻璃替换率分别为 23%、11%和 0%；若要使室内最不利测点达到采光理想状态，10T、20T、30T 光伏玻璃替换率分别为 53%、50%和 45%。

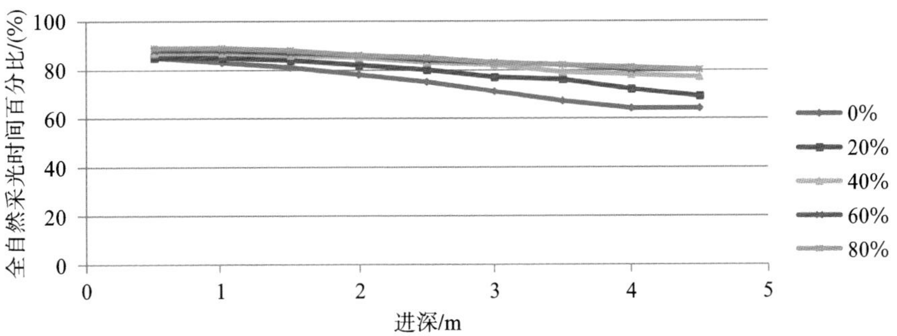

图 5-84 西向 20T 光伏玻璃全自然采光时间百分比分布

（图片来源：作者自绘）

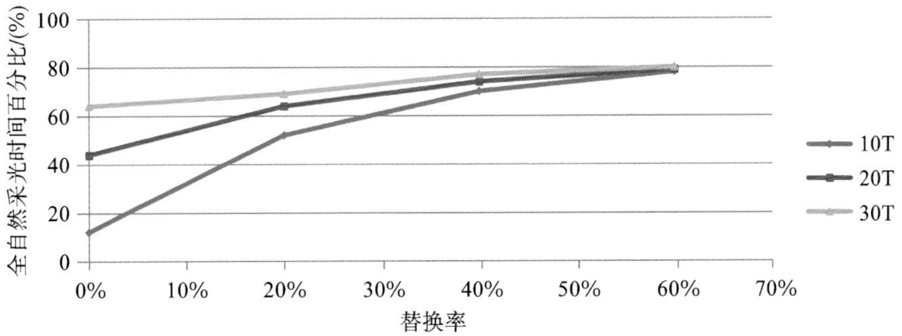

图 5-85 西向不同替换率下最不利测点全自然采光时间百分比分布

（图片来源：作者自绘）

5. 东向

根据图 5-86 至图 5-88 可知，当朝向为东向时，相比于全覆盖应用形式，10T 光伏玻璃在四种不同替换率下对室内采光最不利测点改善程度分别为 318%、527%、591% 和 618%，20T 光伏玻璃在四种不同替换率下对室内采光最不利测点改善程度分别为 50%、83%、93% 和 98%，30T 光伏玻璃在四种不同替换率下对室内采光最不利测点改善程度分别为 17%、23%、30% 和 32%。

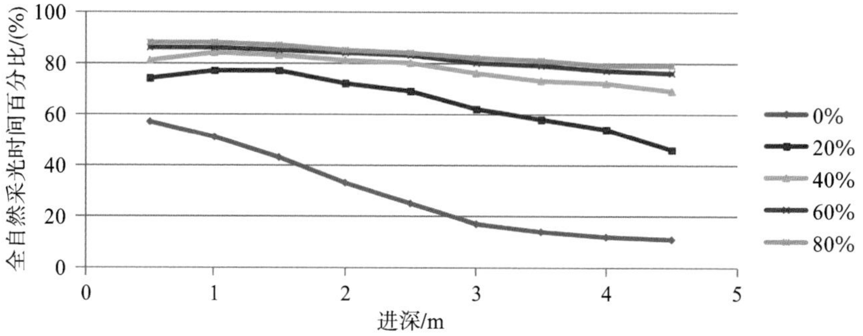

图 5-86　东向 10T 光伏玻璃全自然采光时间百分比分布

（图片来源：作者自绘）

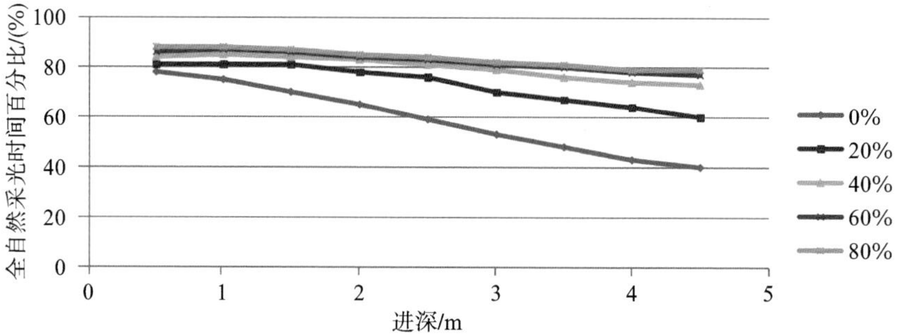

图 5-87　东向 20T 光伏玻璃全自然采光时间百分比分布

（图片来源：作者自绘）

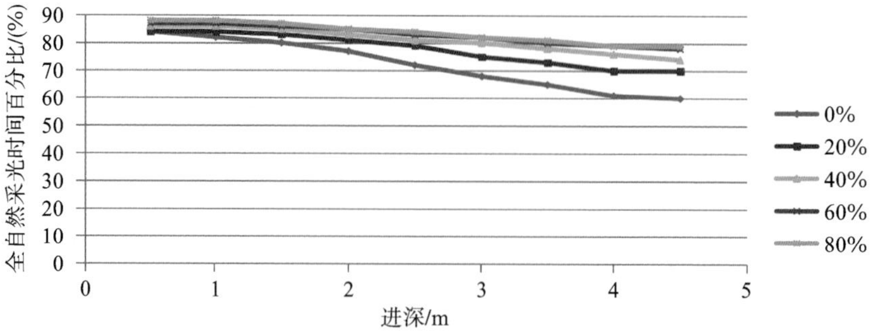

图 5-88　东向 30T 光伏玻璃全自然采光时间百分比分布

（图片来源：作者自绘）

如图 5-89 所示，当朝向为东向时，若要使室内最不利测点达到采光可接受状态，10T、20T、30T 光伏玻璃替换率分别为 28%、15%和 0%；若要使室内最不利测点达到采光理想状态，10T、20T、30T 光伏玻璃替换率分别为 57%、50%和 45%。

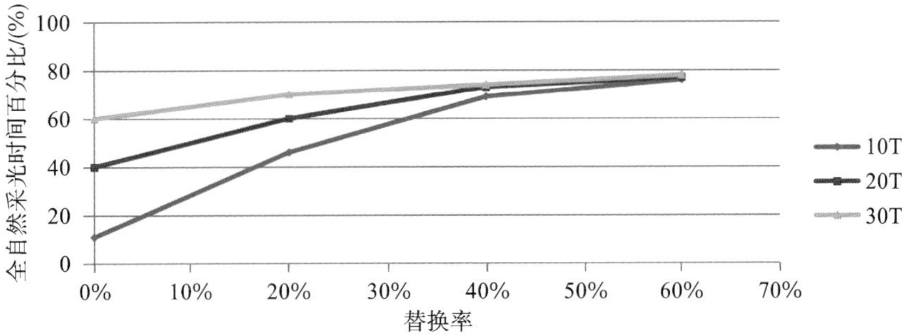

图 5-89　东向不同替换率下最不利测点全自然采光时间百分比分布

（图片来源：作者自绘）

二、横向偏下替换

如图 5-90 所示，斜线填充部分为中空玻璃替换区域，分别以四种不同替

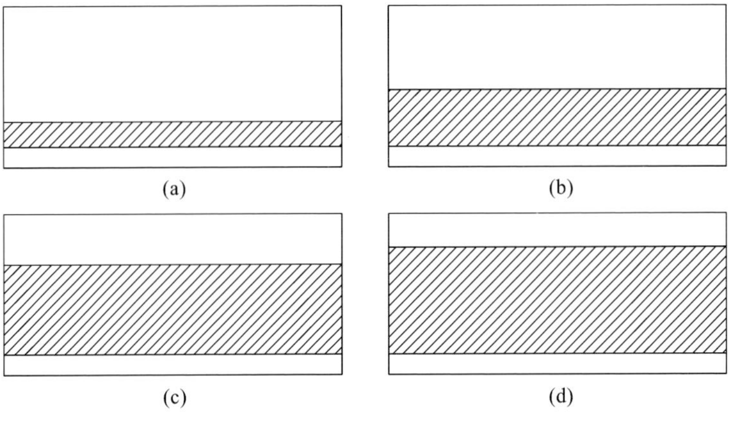

图 5-90　横向偏下组合不同替换率示意图

(a)20%替换率；(b)40%替换率；(c)60%替换率；(d)80%替换率

（图片来源：作者自绘）

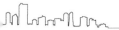

换率等分分隔替换，以探究此种替换形式下各朝向室内光环境的变化。

1. 南向

根据图5-91至图5-93可知，在南向工况下，相比于全覆盖应用形式，10T光伏玻璃在四种不同替换率下对室内采光最不利测点改善程度分别为210%、500%、670%和700%，20T光伏玻璃在四种不同替换率下对室内采光最不利测点改善程度分别为22%、49%、64%和78%，30T光伏玻璃在四种不同替换率下对室内采光最不利测点改善程度分别为6%、16%、22%和27%。

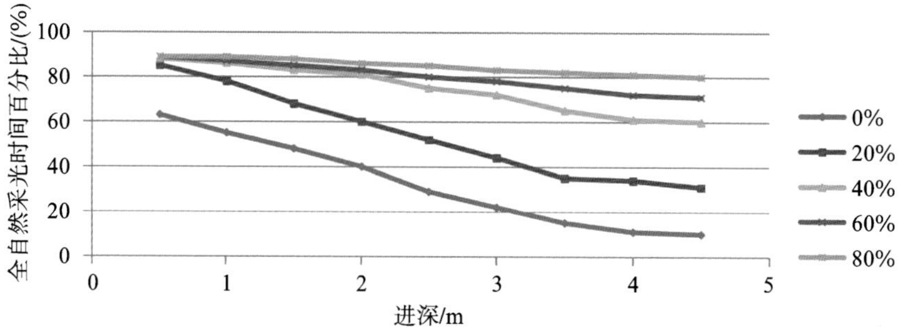

图5-91　南向10T光伏玻璃全自然采光时间百分比分布

(图片来源：作者自绘)

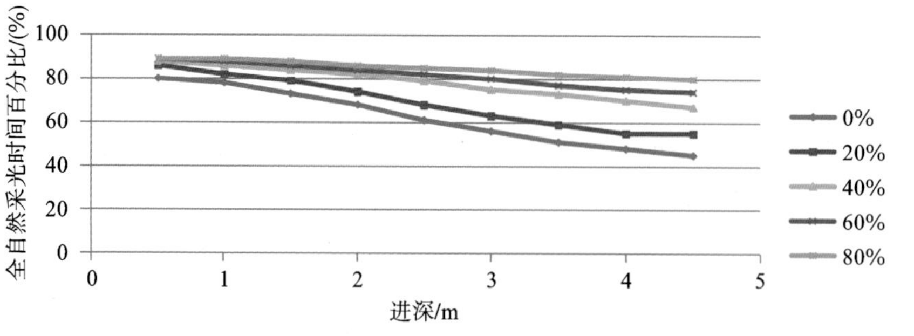

图5-92　南向20T光伏玻璃全自然采光时间百分比分布

(图片来源：作者自绘)

如图5-94所示，在南向工况下，若要使室内最不利测点达到可接受状态，10T、20T、30T光伏玻璃替换率分别为40%、20%和0%；若要使室内最不利测点达到采光理想状态，10T、20T、30T光伏玻璃替换率分别为80%、71%、和54%。

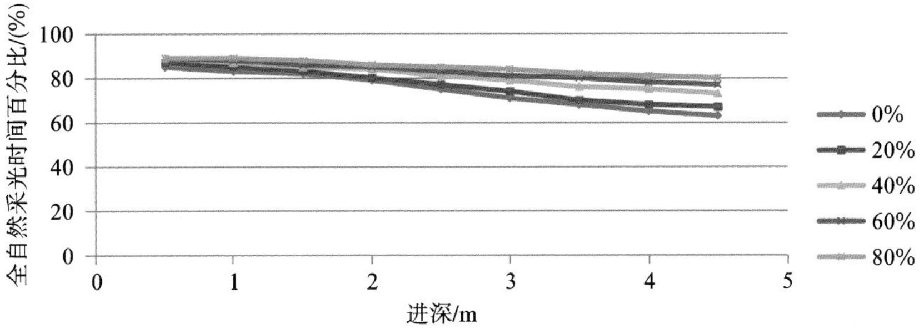

图 5-93　南向 30T 光伏玻璃全自然采光时间百分比分布

（图片来源：作者自绘）

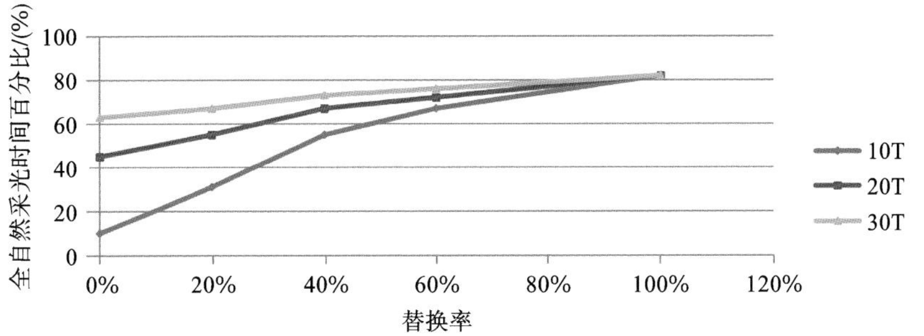

图 5-94　南向不同替换率下最不利测点全自然采光时间百分比分布

（图片来源：作者自绘）

2. 西南向

根据图 5-95 至图 5-97 可知，在西南向工况下，相比于全覆盖应用形式，10T 光伏玻璃在四种不同替换率下对室内采光最不利测点改善程度分别为 138%、331%、446%和 515%，20T 光伏玻璃在四种不同替换率下对室内采光最不利测点改善程度分别为 17%、38%、50%和 67%，30T 光伏玻璃在四种不同替换率下对室内采光最不利测点改善程度分别为 5%、13%、16%和 25%。

根据图 5-98 可知，在西南向工况下，若要使室内最不利测点达到可接受状态，10T、20T、30T 光伏玻璃替换率分别为 44%、23%和 0%；若要使室内最不利测点达到采光理想状态，10T、20T、30T 光伏玻璃替换率分别为 92%、84%、73%。

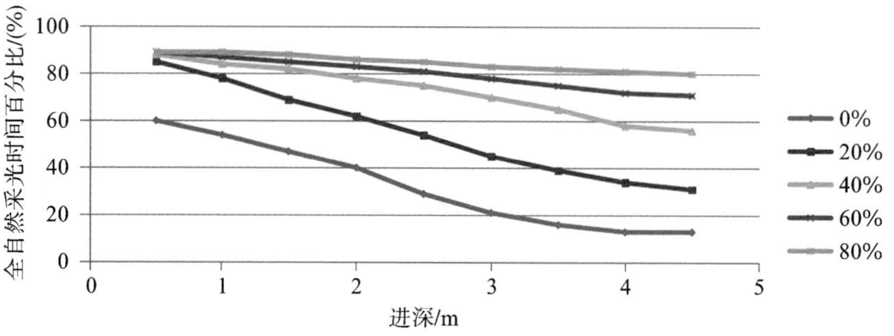

图 5-95　西南向 10T 光伏玻璃全自然采光时间百分比分布

（图片来源：作者自绘）

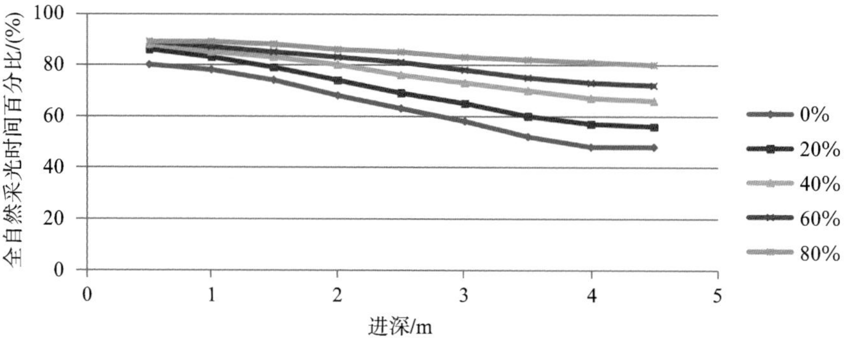

图 5-96　西南向 20T 光伏玻璃全自然采光时间百分比分布

（图片来源：作者自绘）

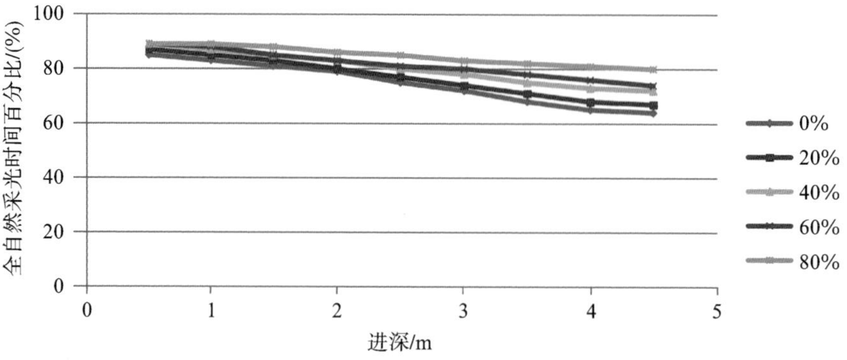

图 5-97　西南向 30T 光伏玻璃全自然采光时间百分比分布

（图片来源：作者自绘）

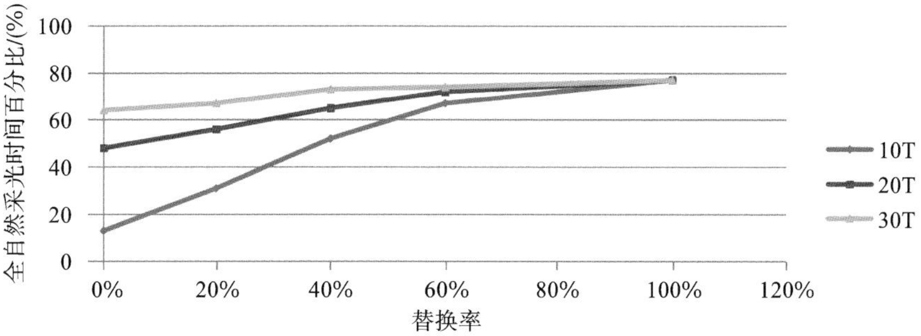

图 5-98　西南向不同替换率下最不利测点全自然采光时间百分比分布

（图片来源：作者自绘）

3. 东南向

根据图 5-99 至图 5-101 可知，在东南向工况下，相比于全覆盖应用形式，10T 光伏玻璃在四种不同替换率下对室内采光最不利测点改善程度分别为 138%、346%、431%和 508%，20T 光伏玻璃在四种不同替换率下对室内采光最不利测点改善程度分别为 18%、51%、62%和 76%，30T 光伏玻璃在四种不同替换率下对室内采光最不利测点改善程度分别为 7%、18%、21%和 30%。

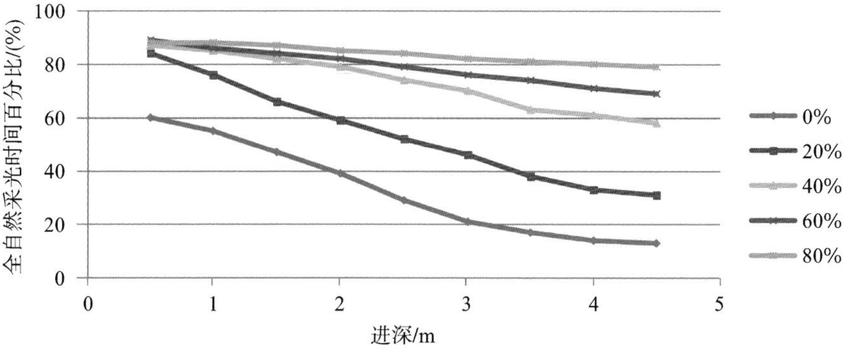

图 5-99　东南向 10T 光伏玻璃全自然采光时间百分比分布

（图片来源：作者自绘）

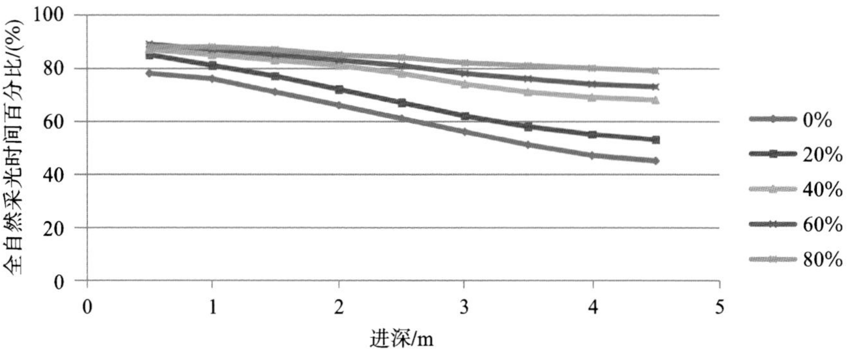

图 5-100　东南向 20T 光伏玻璃全自然采光时间百分比分布

（图片来源：作者自绘）

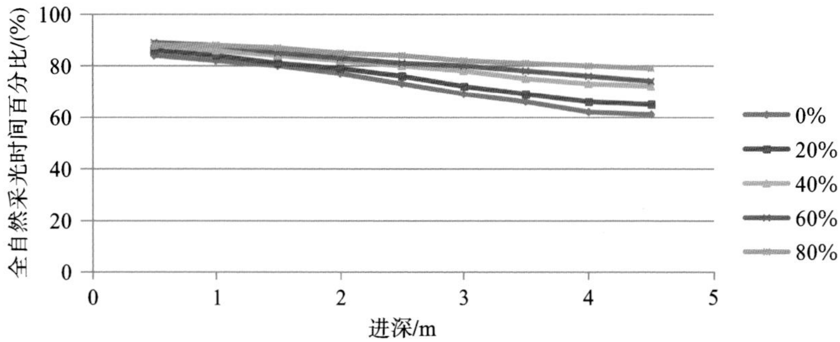

图 5-101　东南向 30T 光伏玻璃全自然采光时间百分比分布

（图片来源：作者自绘）

根据图 5-102 可知，在东南向工况下，若要使室内最不利测点达到可接受状态，10T、20T、30T 光伏玻璃替换率分别为 44%、24%和 0%；若要使室内最不利测点达到采光理想状态，10T、20T、30T 光伏玻璃替换率分别为 84%、78%和 66%。

4. 西向

根据图 5-103 至图 5-105 可知，在西向工况下，相比于全覆盖应用形式，10T 光伏玻璃在四种不同替换率下对室内采光最不利测点改善程度分别为 167%、417%、483%和 567%，20T 光伏玻璃在四种不同替换率下对室内采光最不利测点改善程度分别为 25%、55%、68%和 82%，30T 光伏玻璃在四

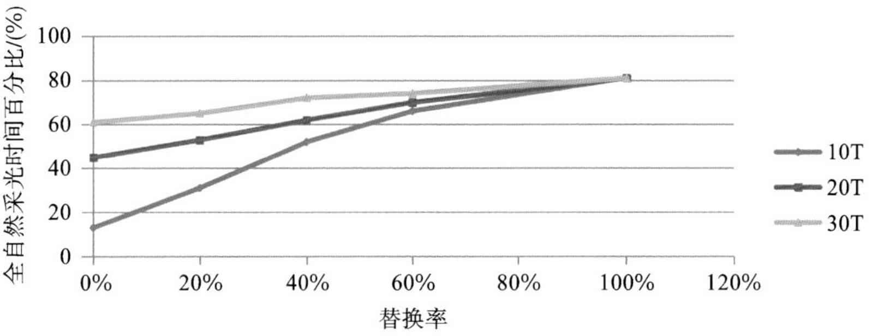

图 5-102　东南向不同替换率下最不利测点全自然采光时间百分比分布

（图片来源：作者自绘）

种不同替换率下对室内采光最不利测点改善程度分别为 3%、14%、20% 和 25%。

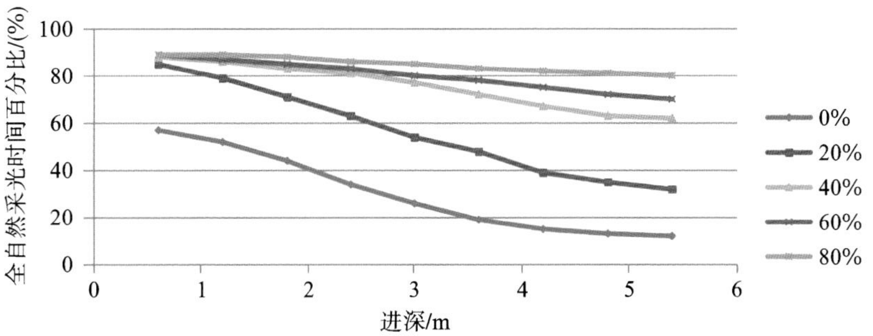

图 5-103　西向 10T 光伏玻璃全自然采光时间百分比分布

（图片来源：作者自绘）

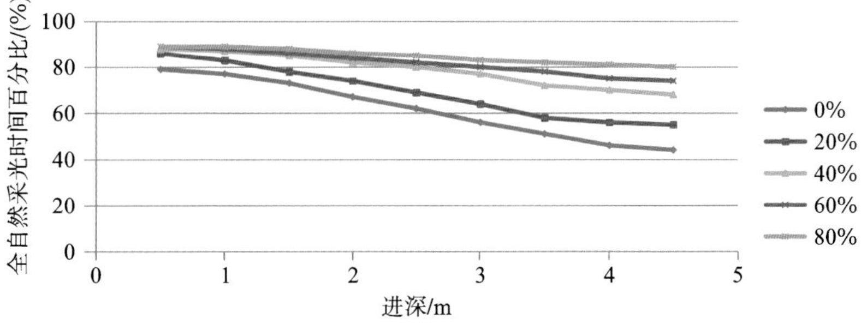

图 5-104　西向 20T 光伏玻璃全自然采光时间百分比分布

（图片来源：作者自绘）

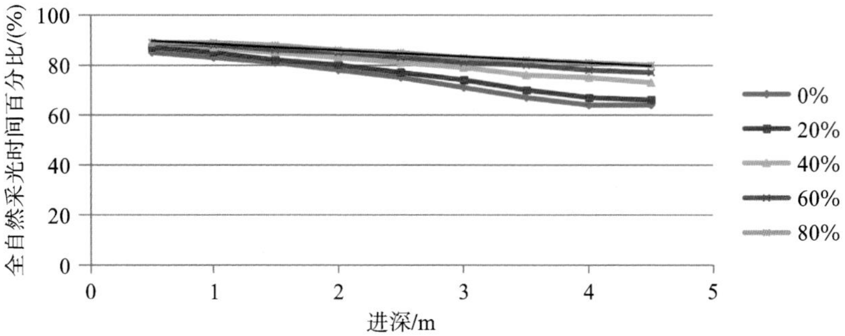

图 5-105　西向 30T 光伏玻璃全自然采光时间百分比分布

（图片来源：作者自绘）

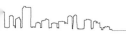

根据图 5-106 可知，在东南向工况下，若要使室内最不利测点达到可接受状态，10T、20T、30T 光伏玻璃替换率分别为 46%、23%和 0%；若要使室内最不利测点达到采光理想状态，10T、20T、30T 光伏玻璃替换率分别为 80%、71%、和 54%。

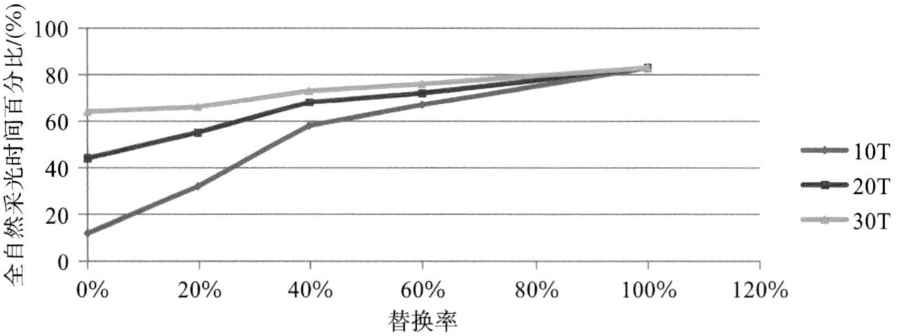

图 5-106　西向不同替换率下最不利测点全自然采光时间百分比分布

（图片来源：作者自绘）

5. 东向

根据图 5-107 至图 5-109 可知，在东向工况下，相比于全覆盖应用形式，10T 光伏玻璃在四种不同替换率下对室内采光最不利测点改善程度分别为 145%、455%、527%和 618%，20T 光伏玻璃在四种不同替换率下对室内采光最不利测点改善程度分别为 30%、63%、80%和 98%，30T 光伏玻璃在四种不同替换率下对室内采光最不利测点改善程度分别为 7%、18%、25%和 32%。

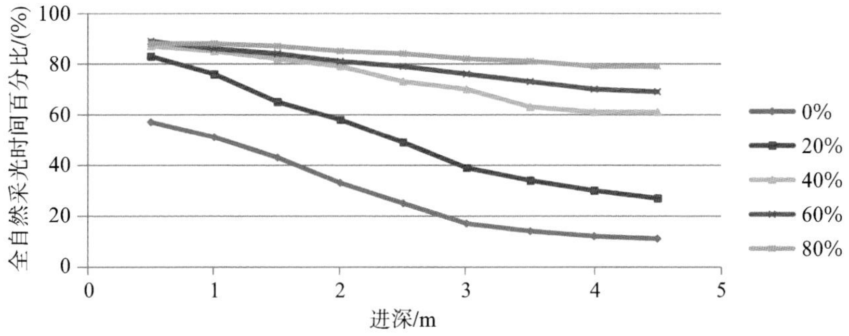

图 5-107　东向 10T 光伏玻璃全自然采光时间百分比分布

(图片来源:作者自绘)

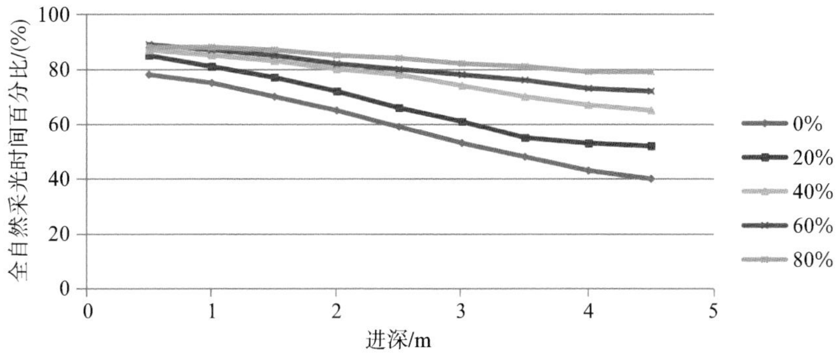

图 5-108　东向 20T 光伏玻璃全自然采光时间百分比分布

(图片来源:作者自绘)

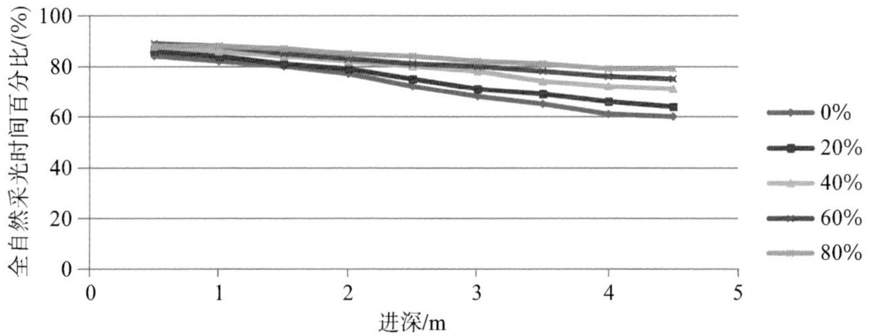

图 5-109　东向 30T 光伏玻璃全自然采光时间百分比分布

(图片来源:作者自绘)

根据图 5-110 可知，在东向工况下，若要使室内最不利测点达到可接受状态，10T、20T、30T 光伏玻璃替换率分别为 45%、25%和 0%；若要使室内最不利测点达到采光理想状态，10T、20T、30T 光伏玻璃替换率分别为 85%、76%和 70%。

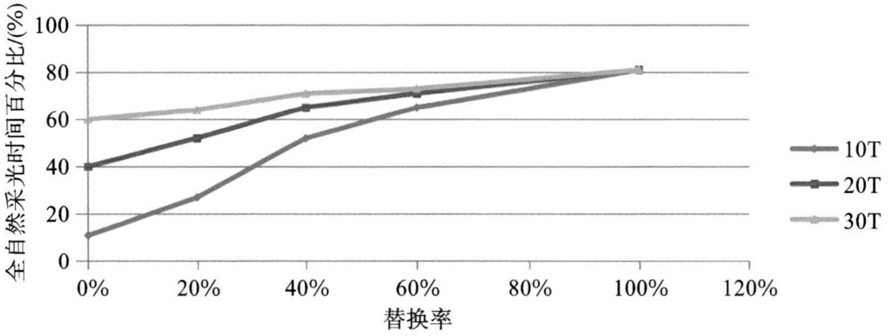

图 5-110 东向不同替换率下最不利测点全自然采光时间百分比分布

(图片来源：作者自绘)

本节通过采用插值法得出了各朝向不同工况达到光环境可接受状态(55%≤DA<75%)和采光理想状态(DA>75%)的替换率，统计结果如图 5-111和图 5-112 所示。

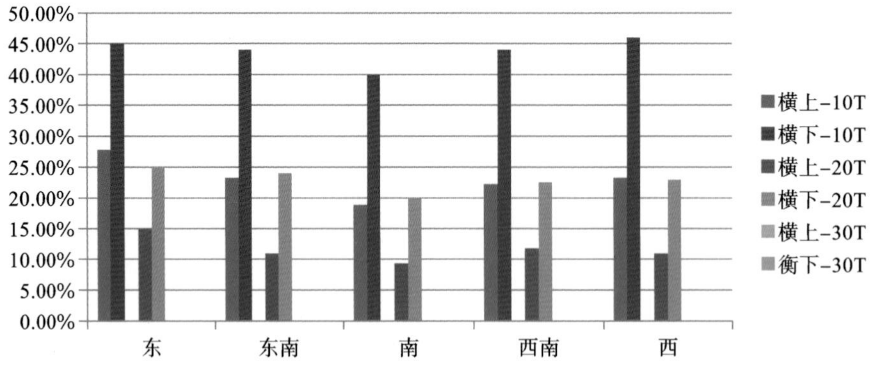

图 5-111 满足采光可接受状态下各透光率光伏玻璃替换百分比

(图片来源：作者自绘)

从图 5-111 和图 5-112 可知，若要使空间最不利点达到采光可接受状态和采光理想状态，横向偏下形式所需要替换的玻璃面积均大于横向偏上形式，由此可知，横向替换形式中，中空玻璃靠上部布置可以提高空间整体采

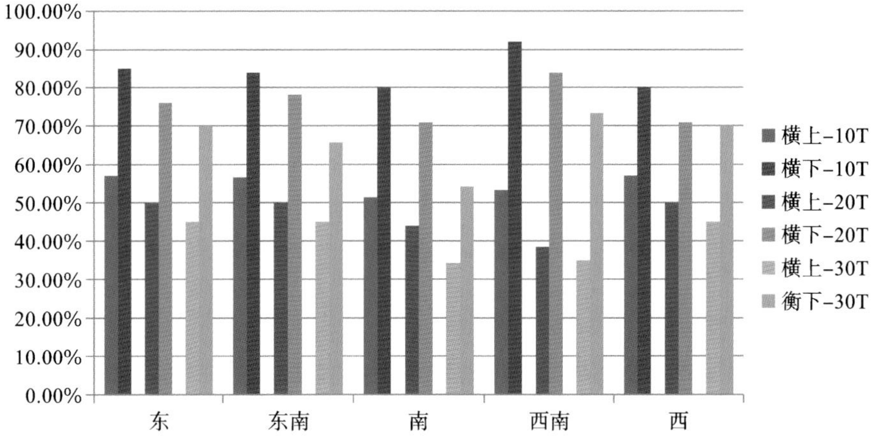

图 5-112 满足采光理想状态下各透光率光伏玻璃替换百分比

（图片来源：作者自绘）

光量。

本章分别对三种透光率的光伏玻璃采用纵向组合和横向组合两种典型形式对光环境的影响进行了探究。采用插值法量化分析了不同组合形式下达到光环境可接受状态和光环境理想状态的替换率，结果见表 5-1 和表 5-2。

表 5-1 采光可接受状态中空玻璃替换率

替换部位	透光率	东向	东南向	南向	西南向	西向
纵向侧边替换	10T	34%	32%	30%	28%	31%
	20T	19%	15%	13%	11%	12%
	30T	—	—	—	—	—
纵向居中替换	10T	19%	18%	18%	17%	18%
	20T	12%	10%	9%	7%	10%
	30T	—	—	—	—	—
纵向间隔替换	10T	21%	21%	20%	19%	19%
	20T	13%	11%	11%	8%	10%
	30T	—	—	—	—	—

续表

替换部位	透光率	东向	东南向	南向	西南向	西向
横向偏上替换	10T	28%	23%	19%	22%	23%
	20T	15%	11%	11%	9%	11%
	30T	—	—	—	—	—
横向偏下替换	10T	45%	44%	40%	44%	46%
	20T	25%	24%	20%	23%	23%
	30T	—	—	—	—	—

表格来源：作者自绘。

表 5-2　采光理想状态中空玻璃替换率

替换部位	透光率	东向	东南向	南向	西南向	西向
纵向侧边替换	10T	68%	67%	54%	60%	60%
	20T	64%	57%	52%	53%	54%
	30T	50%	47%	42%	37%	40%
纵向中心替换	10T	50%	48%	47%	47%	45%
	20T	44%	44%	38%	38%	33%
	30T	36%	35%	28%	25%	30%
纵向间隔替换	10T	57%	56%	50%	50%	51%
	20T	48%	48%	40%	53%	40%
	30T	40%	40%	33%	32%	40%
横向偏上替换	10T	57%	57%	53%	51%	57%
	20T	50%	50%	44%	38%	50%
	30T	45%	45%	34%	35%	45%
横向偏下替换	10T	85%	84%	80%	92%	80%
	20T	76%	78%	71%	84%	71%
	30T	70%	66%	54%	73%	70%

表格来源：作者自绘。

根据图 5-113 和图 5-114 可知，在达到同等光环境要求下，在纵向组合形式中，纵向居中组合形式替换率最低，其次为纵向间隔组合形式，纵向侧边组合形式替换率最高；在横向组合形式中，横向偏下组合形式替换率高于横向偏上组合形式。综合对比五种组合形式中空玻璃替换率可知，纵向居中组合形式替换率最低，横向偏下组合替换形式替换率最高。

由此可知，在满足相同室内光环境的情况下，出于光伏覆盖率最大化考虑，光伏幕墙设计可优先选择纵向居中替换形式。

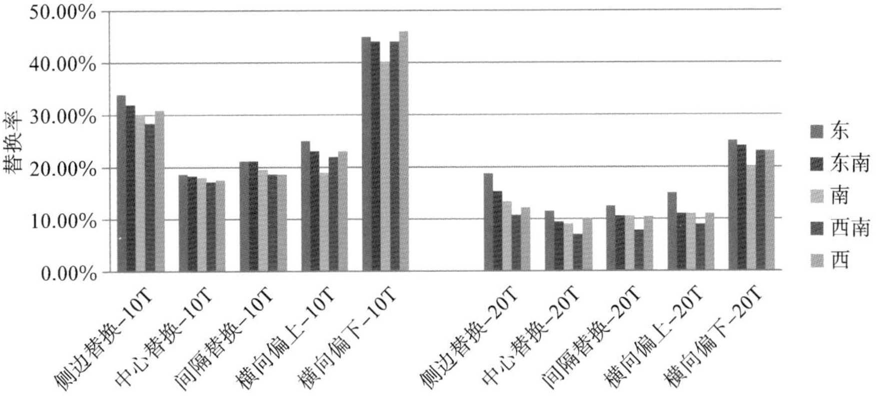

图 5-113　满足采光可接受状态下各透光率光伏玻璃替换百分比

（图片来源：作者自绘）

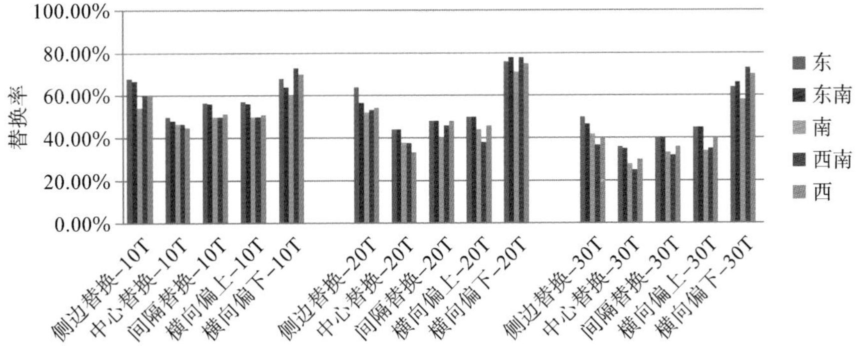

图 5-114　满足采光理想状态下各透光率光伏玻璃替换百分比

（图片来源：作者自绘）

第六章　幕墙综合能耗研究

在上一章中，通过采用全自然采光时间百分比动态评价指标，分析了在现有幕墙设计中，不同透光率光伏玻璃在不同朝向上采用不同替换形式，从而达到采光可接受状态与采光理想状态的替换率范围。结果表明，在达到同等采光量要求的情况下，纵向居中组合形式中空玻璃替换率最低。本章就这种替换应用形式展开讨论。

本章能耗对比分析采用单位建筑面积的能耗量(单位为 $kW \cdot h/m^2$)作为评价标准，其研究对象为无遮挡情况下高层办公空间标准层的能耗量平均值。首先，本章探究了三种透光率的光伏玻璃以纵向居中替换形式在20%、40%、60%和80%替换率情况下，应用于五种不同朝向情况时，建筑能耗水平的变化趋势，包括照明能耗、空调能耗、发电量。其次，通过综合考虑室内光环境变化趋势与能耗变化趋势，分别得出不同光环境要求下的光伏玻璃优化应用方案。最后进行建筑能耗分析，以期获得在光环境影响下，三种光伏玻璃对建筑室内能耗的影响规律，探究其应用的可行性，为之后的光伏幕墙建筑能耗设计作出指导。

第一节　相关模拟软件选择

一、能耗模拟软件的选取

随着模拟技术的发展，能耗计算方式逐渐由稳态负荷计算转向逐时负荷计算的动态模拟，其计算精度越来越高。表6-1为国内外使用频率较高的建筑能耗模拟软件功能对比分析。

表 6-1　现有能耗软件功能对比

比较项目	DOE-2	BLAST	iBLAST	EnergyPlus	DeST
房间热平衡计算方程	—	优	优	优	优
建筑热平衡计算方程	—	—	—	优	优
内表面对流传热计算	—	—	优	优	优
内表面之间长波辐射	—	—	—	优	优
邻室传热模型	—	—	—	—	优
湿度计算	—	—	优	优	优
热舒适计算	—	优	优	优	—
天空背景辐射模型	优	—	—	优	优
窗体模型计算	优	—	—	优	优
太阳投射分配模型	优	—	—	优	优
日光模型计算	优	—	—	优	—

表格来源：作者自绘。

通过对能耗模拟软件的各项功能进行对比，本书将采用 EnergyPlus 软件进行室内能耗模拟计算。EnergyPlus 软件是在美国能源部资助下，由劳伦斯·伯克利国家实验室、伊利诺伊大学、俄克拉荷马州立大学等单位合作，在 BLAST 和 DOE-2 基础上开发的动态负荷计算软件。其在能耗模拟方面相比于其他软件具有多种优势，在国内外得到广泛应用。模拟使用的气象数据来自 EnergyPlus 官方网站提供的武汉地区“CSWD. epw”格式文件。

二、发电模拟软件的选取

在既往研究中，多采用 PVsyst 软件对光伏电池进行全年发电量模拟，其可靠性也经过了多次验证。本次研究通过 PVsyst 软件设置半透明薄膜光伏玻璃的发电效率、光伏面积等参数，以此得到不同透光率光伏玻璃的年发电量数据。在光伏设计气象数据的选择上，NASA 提供的相关数据偏高，部分地区误差接近 10%，而 Meteonorm 气象数据与国内实测气象数据更为吻合。为保证模拟的准确性，将采用 Meteonorm 提供的武汉地区气象数据作为本次光伏发电量计算的气象条件。气象数据及软件设置如图 6-1 和图 6-2 所示。

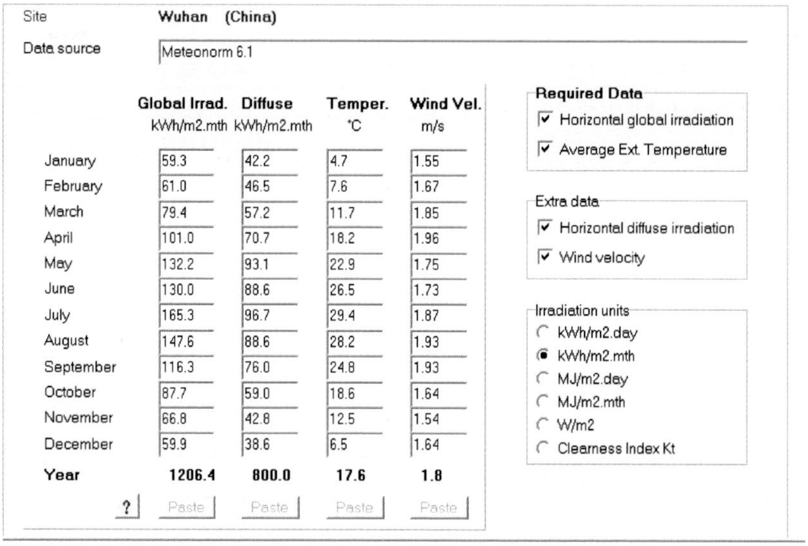

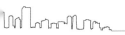

图 6-1　武汉地区 Meteonorm 气象条件

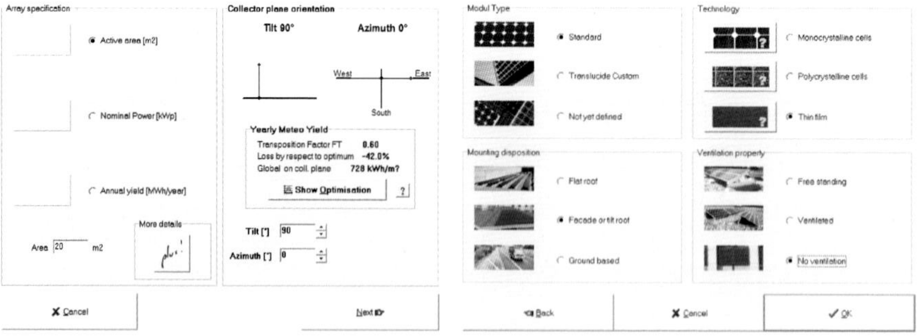

图 6-2　PVsyst 软件操作界面

三、热工模型的建立及数值模拟参数的确定

根据《建筑照明设计标准》(GB 50034—2013)的规定，在办公建筑和其他类型建筑中具有办公用途场所照明功率密度限值中，普通办公室照明功

率密度限值现行值为小于等于 9.0 W/m^2，目标值为小于等于 8.0 W/m^2；高档办公室、设计室照明功率密度限值现行值为小于等于 15.0 W/m^2，目标值为小于等于 13.5 W/m^2；会议室照明功率密度限值现行值为小于等于 9.0 W/m^2，目标值为小于等于 8.0 W/m^2；服务大厅照明功率密度限值现行值为小于等于 11.0 W/m^2，目标值为小于等于 10.0 W/m^2。围护结构材料热工性能参数、空调运行时间及温度设置如表 6-2 和表 6-3 所示。

表 6-2　围护结构材料热工性能参数

围护结构	材料名称	厚度/mm	导热系数/[W/(m·K)]	密度/(kg/m^3)	比热容/[J/(kg·k)]
外墙（由外至内）	花岗岩	20	3.49	2800	920
	水泥砂浆	20	0.93	1800	1050
	EPS 聚苯乙烯保温板	50	0.041	18	2141
	钢筋混凝土	200	1.74	2500	920
	石膏板	20	0.33	1050	1050
内墙（由外至内）	石膏板	20	0.33	1050	1050
	钢筋混凝土	200	1.74	2500	920
	石膏板	20	0.33	1050	1050
楼板层（由上至下）天花板（由下至上）	大理石面砖	20	2.91	2800	920
	水泥砂浆	20	0.93	1800	1050
	EPS 聚苯乙烯保温板	25	0.041	18	2141
	钢筋混凝土	200	1.74	2500	920
	水泥砂浆	20	0.93	1800	1050

表格来源：作者自绘。

表 6-3　空调运行时间及温度

比较项目	运行时段	设定温度	运行时期
制冷	8:00—18:00	26 ℃	6 月 1 日至 9 月 15 日
	18:00—24:00，0:00—8:00	37 ℃	

续表

比较项目	运行时段	设定温度	运行时期
采暖	8:00—18:00	20 ℃	1 月 15 日至 3 月 15 日，11 月 15 日至 12 月 31 日
	18:00—8:00	5 ℃	

表格来源:作者自绘。

第二节 不同替换率光伏玻璃能耗分析

通过对不同替换形式的幕墙设计进行研究发现,在室内达到相同光环境状态时,纵向居中组合形式所需替换的面积百分比最低。在应用光伏玻璃时,应遵循光伏玻璃覆盖率最大化原则,以期获得更高的能量增益。因此,本节将以替换率最低的纵向居中替换形式来探究不同透光率光伏玻璃在不同朝向上对室内照明能耗、采暖制冷能耗、发电量和综合能耗的变化规律,并在此基础上综合考虑光环境,得出优化方案。

一、南向办公空间应用半透明光伏幕墙能耗分析

(一)照明能耗

在南向工况下,三种不同透光率的光伏玻璃采用不同替换率进行应用时,单位面积照明能耗的变化趋势如图 6-3 所示。随着传统玻璃替换率的增加,单位面积的照明能耗值逐渐减小。在替换率为 0%时,单位面积的照明能耗最高,分别为23.72 kW·h/m^2、22.35 kW·h/m^2 和21.88 kW·h/m^2;当替换率达到 40%后,变化趋势变缓;当替换率为 80%时,单位面积的照明能耗达到最低,分别为 21.31 kW·h/m^2、21.30 kW·h/m^2 和 21.29 kW·h/m^2。

由此可以看出,在相同应用条件下,透光率低的光伏玻璃室内照明能耗大于透光率高的光伏玻璃,随着中空玻璃替换率的增加,室内光环境得到改善,照明能耗由此变小,且在 60%替换率后趋于相同。结合光伏玻璃经济性,从照明能耗的角度考虑,替换率在 40%范围内节能率较高。

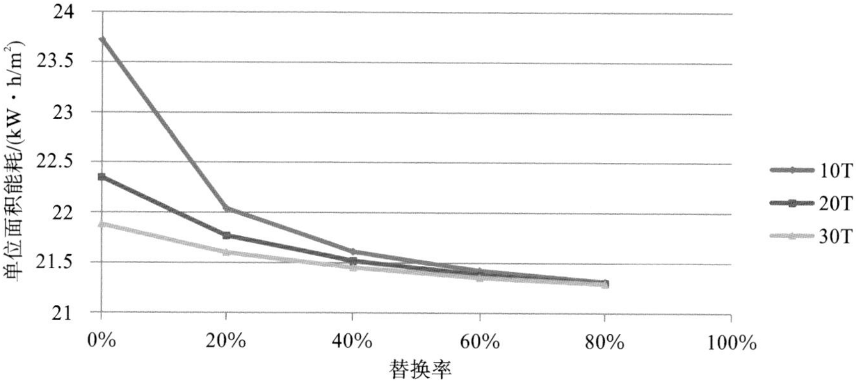

图 6-3　南向不同替换率单位面积照明能耗

（图片来源：作者自绘）

（二）采暖能耗

根据图 6-4 可知，随着传统玻璃替换率的增加，单位面积的采暖能耗值逐渐减小。在替换率为 0% 时，单位面积的采暖能耗最高，分别为 54.66 kW·h/m^2、53.49 kW·h/m^2 和 52.24 kW·h/m^2；当替换率达 80% 时，单位面积的采暖能耗达到最低，分别为 44.08 kW·h/m^2、43.92 kW·h/m^2 和43.74 kW·h/m^2。

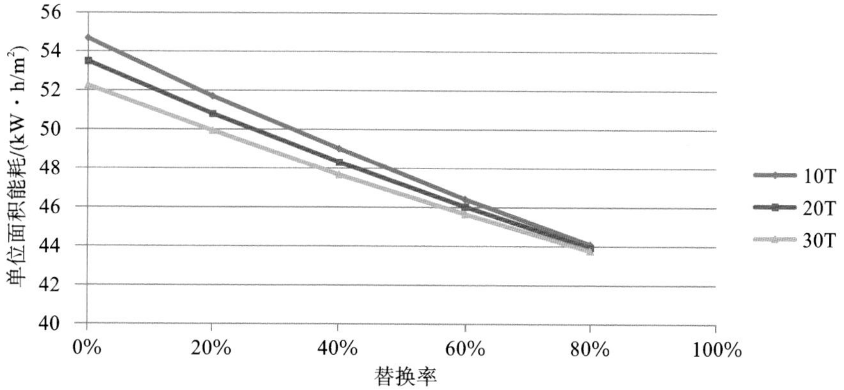

图 6-4　南向不同替换率单位面积采暖能耗

（图片来源：作者自绘）

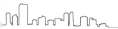

通过对采暖能耗分析可知，在相同替换面积情况下，透光率高的光伏玻璃室内采暖能耗低于透光率低的光伏玻璃。这是由于应用透光率高的光伏玻璃会使更多的太阳辐射进入室内，室内得热量高于应用透光率低的光伏玻璃，故减少了室内采暖能耗。

(三)制冷能耗

根据图 6-5 可知，随着传统玻璃替换率的增加，单位面积的制冷能耗值呈现递增趋势。在替换率为 0% 时，单位面积的制冷能耗最低，分别为 132.94 kW·h/m^2、133.78 kW·h/m^2 和 135.68 kW·h/m^2；当替换率达 80%时，单位面积的制冷能耗达到最高，分别为 160.18 kW·h/m^2、160.54 kW·h/m^{2}和161.02 kW·h/m^2。

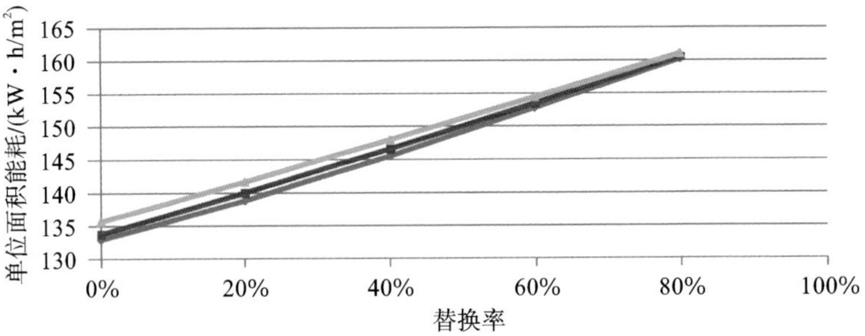

图 6-5　南向不同替换率单位面积制冷能耗

(图片来源：作者自绘)

通过对比三种光伏玻璃室内制冷能耗变化趋势可知，在相同替换率情况下，透光率越高的光伏玻璃室内制冷能耗越高。这是由于透光率低的光伏玻璃可以阻挡更多的太阳辐射，减少室内冷负荷，降低制冷能耗。

(四)发电量

由图 6-6 可知，在南向工况下，不同透光率光伏玻璃随着替换率的增加，发电量呈线性递减的趋势。在替换率为 0% 时，发电量最高，分别为 32.76 kW·h/m^2、30.43 kW·h/m^2 和 26.67 kW·h/m^2；在替换率为 80%时，发电量最低，分别为 19.97 kW·h/m^2、18.54 kW·h/m^2 和 16.26 kW·h/m^2。

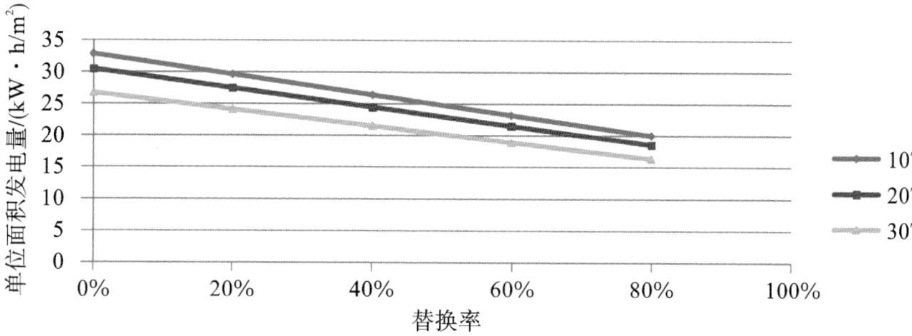

图 6-6　南向不同替换率单位面积发电量

（图片来源：作者自绘）

(五)综合能耗

根据前文分析可知，不同透光率半透明光伏玻璃在南向办公空间应用时，随着替换率的增加，照明能耗降低，采暖能耗降低，制冷能耗增加，发电量降低。通过整合南向各透光率光伏玻璃室内能耗与发电量，得出室内综合能耗，其计算公式如下：

综合能耗＝照明能耗＋采暖能耗＋制冷能耗－发电量

由图 6-7 可知，随着替换率的增加，除 10T 光伏玻璃在替换率为 20％以下综合能耗增长率较低外，其他替换率条件下三种光伏玻璃的室内综合能耗均呈线性增长。三种透光率光伏玻璃综合能耗在 80％替换率情况下相比于 0％替换率情况分别增加了 15.14％、15.64％和 14.56％。

二、西南向办公空间应用半透明光伏幕墙能耗分析

同理，在西南向工况下，对不同透光率光伏玻璃不同替换率情况下的室内能耗进行分析。

(一)照明能耗

由图 6-8 可知，朝向为西南时，替换率对室内照明能耗的影响趋势与南向相同。在替换率为 0％时，单位面积的照明能耗最高，分别为 25.70 kW·h/m²、23.92 kW·h/m² 和 23.07 kW·h/m²，相比南向分别提升了 8.35％、7.02％和 5.44％；在替换率为 80％时，单位面积的照明能耗分别为

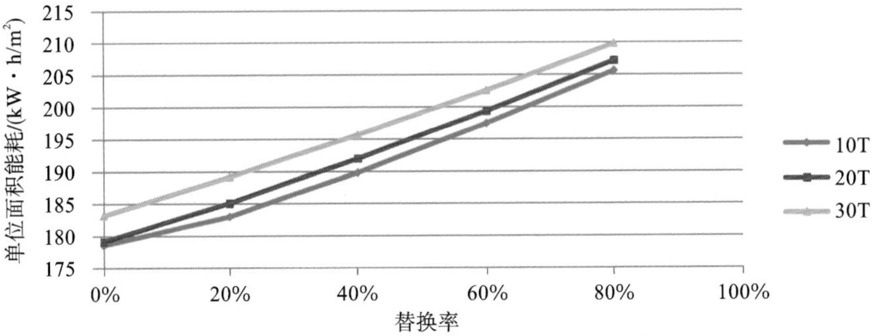

图 6-7 南向不同替换率单位面积综合能耗

（图片来源：作者自绘）

21.88 kW·h/m²、21.85 kW·h/m² 和 21.82 kW·h/m²，相比南向分别提升了2.67%、2.58%和 2.49%。

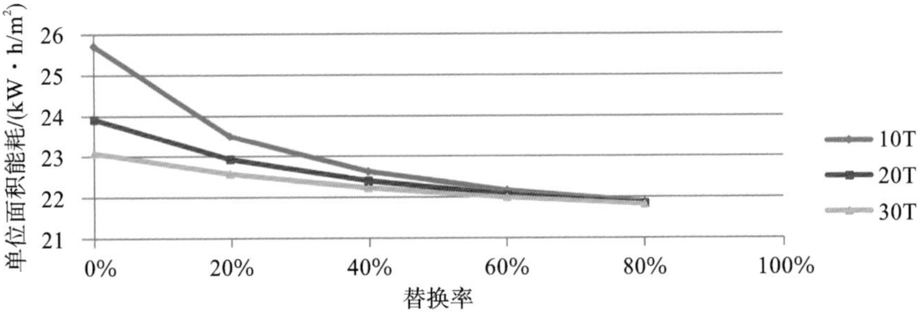

图 6-8 西南向不同替换率单位面积照明能耗

（图片来源：作者自绘）

(二)采暖能耗

由图 6-9 可知，西南向采暖能耗变化规律与南向相似，随着替换率的增加，采暖能耗逐渐降低。在替换率为 0%时，单位面积的采暖能耗最高，分别为 55.41 kW·h/m²、54.30 kW·h/m² 和 53.05 kW·h/m²，相比南向分别提升了 1.37%、1.51%和 1.55%；当替换率达 80%时，单位面积的采暖能耗达到最低，分别为 45.08 kW·h/m²、44.92 kW·h/m² 和 44.74 kW·h/m²，相比南向分别提升了 2.27%、2.28%和 2.29%，整体采暖能耗高于南向。

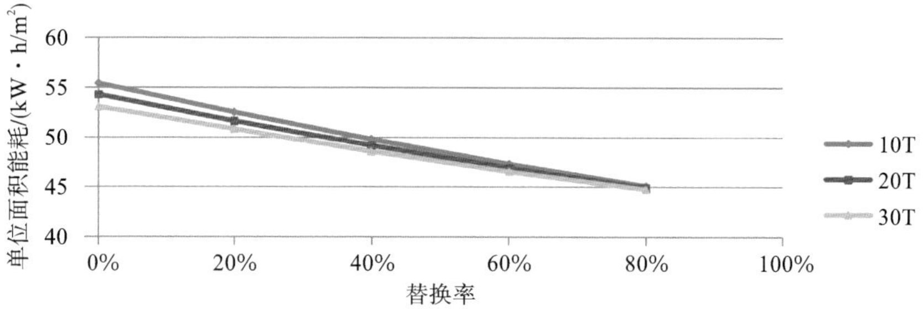

图 6-9　西南向不同替换率单位面积采暖能耗

（图片来源：作者自绘）

（三）制冷能耗

由图 6-10 可知，西南向制冷能耗中，在替换率为 0% 时，单位面积的制冷能耗最低，分别为 155.06 kW·h/m²、156.05 kW·h/m² 和 158.37 kW·h/m²，相比南向分别提升了 16.64%、16.65% 和 16.72%；当替换率达 80% 时，单位面积的制冷能耗达到最高，分别为 188.67 kW·h/m²、189.13 kW·h/m² 和 189.72 kW·h/m²，相比南向分别提升了 17.79%、17.81% 和 17.82%，整体制冷能耗高于南向。

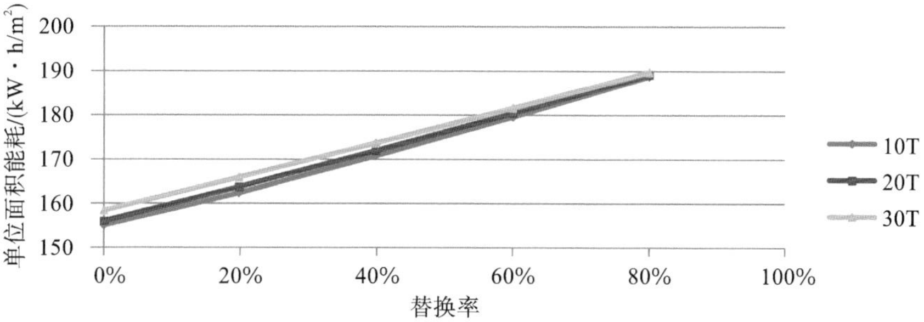

图 6-10　西南向不同替换率单位面积制冷能耗

（图片来源：作者自绘）

（四）发电量

根据图 6-11 可知，在替换率为 0% 时，发电量最高，分别为 34.40 kW·h/m²、31.95 kW·h/m² 和 28.02 kW·h/m²，相比南向分别提升了

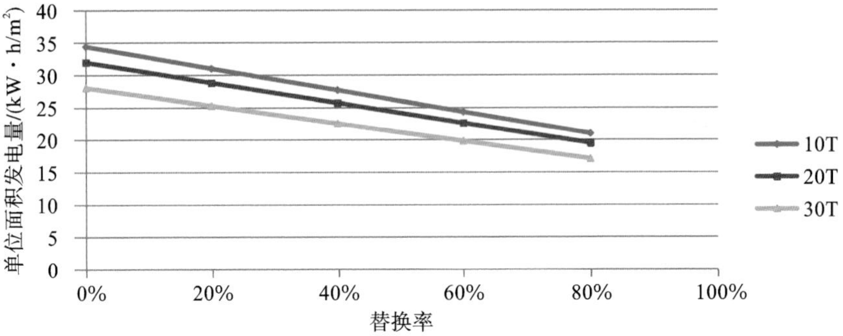

图 6-11　西南向不同替换率单位面积发电量

(图片来源:作者自绘)

5.01%、5.00%和5.06%;在替换率为80%时,发电量最低,分别为20.98 kW·h/m²、19.48 kW·h/m² 和17.07 kW·h/m²,整体发电量高于南向。

(五)综合能耗

根据图6-12可知,西南向综合能耗变化趋势与南向变化趋势相同,随着替换率的增加,室内综合能耗呈线性增长,整体综合能耗相比南向有所提升。当替换率为0%时,不同透光率光伏玻璃室内综合能耗相比于南向分别增加了13.00%、12.91%和12.75%;当替换率为80%时,综合能耗分别增加了14.13%、14.10%和14.03%。

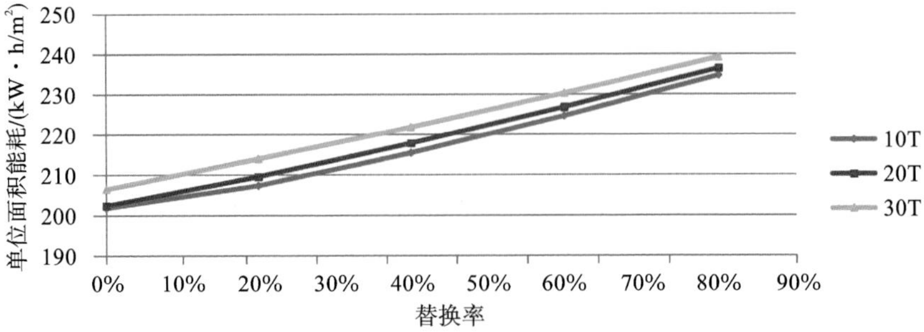

图 6-12　西南向不同替换率单位面积综合能耗

(图片来源:作者自绘)

三、东南向办公空间应用半透明光伏幕墙能耗分析

(一)照明能耗

根据图 6-13 可知，当幕墙朝向为东南向时，室内单位面积的照明能耗在替换率为 0%时最高，分别为 23.56 kW·h/m²、22.34 kW·h/m² 和 21.87 kW·h/m²，相比南向分别降低了 0.67%、0.04%和 0.05%；当替换率为 80%时，单位面积的照明能耗分别为 21.28 kW·h/m²、21.27 kW·h/m² 和 21.26 kW·h/m²，相比南向降低了 0.14%。

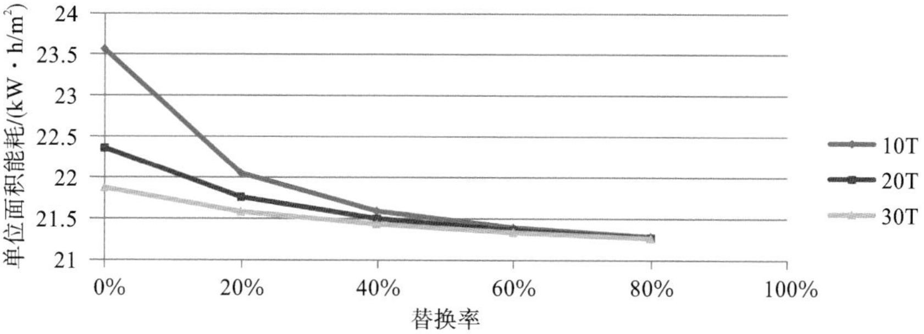

图 6-13　东南向不同替换率单位面积照明能耗

(图片来源:作者自绘)

(二)采暖能耗

根据图 6-14 可知，当幕墙朝向为东南向时，随着替换率的增加，采暖能耗逐渐降低。在替换率为 0%时，单位面积的采暖能耗最高，分别为 59.62 kW·h/m²、58.80 kW·h/m² 和 57.81 kW·h/m²，相比南向分别增加了 9.07%、9.93%和 10.66%；当替换率达 80%时，单位面积的采暖能耗达到最低，分别为 50.77 kW·h/m²、50.62 kW·h/m² 和 50.46 kW·h/m²，相比南向分别增加了 15.18%、15.26%和 15.36%，整体采暖能耗高于南向。

(三)制冷能耗

根据图 6-15 可知，当幕墙朝向为东南向时，各透光率光伏玻璃在替换率为 0%时，单位面积的制冷能耗最低，分别为 136.37 kW·h/m²、137.60 kW·h/m²和 139.80 kW·h/m²，相比南向分别增加了 2.58%、2.86%和

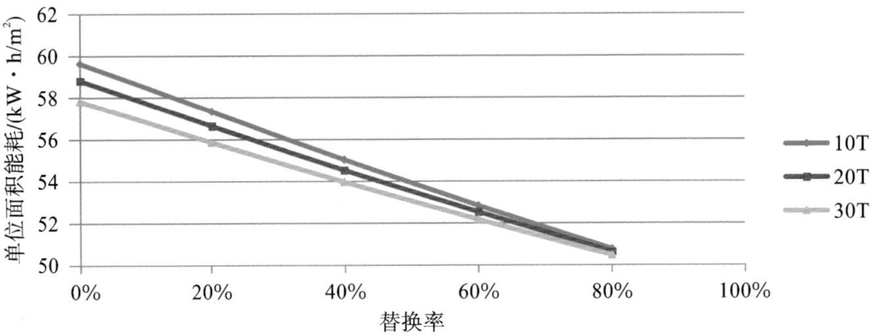

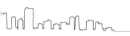

图 6-14　东南向不同替换率单位面积采暖能耗

（图片来源：作者自绘）

3.04%；当替换率达 80%时，单位面积的制冷能耗达到最高，分别为 164.68 kW·h/m²、165.07 kW·h/m² 和 165.56 kW·h/m²，相比南向分别增加了 2.81%、2.82%和 2.82%，整体制冷能耗高于南向。

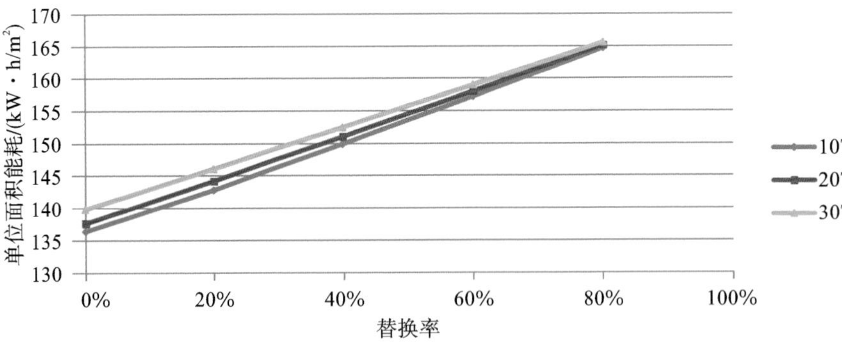

图 6-15　东南向不同替换率单位面积制冷能耗

（图片来源：作者自绘）

（四）发电量

根据图 6-16 可知，当幕墙的朝向为东南向时，各透光率光伏玻璃在替换率为 0%时，发电量最高，分别为 34.24 kW·h/m²、31.78 kW·h/m² 和 27.88 kW·h/m²，相比南向分别提升了 4.52%、4.44%和 4.54%；在替换率为 80%时，发电量最低，分别为 20.85 kW·h/m²、19.38 kW·h/m² 和

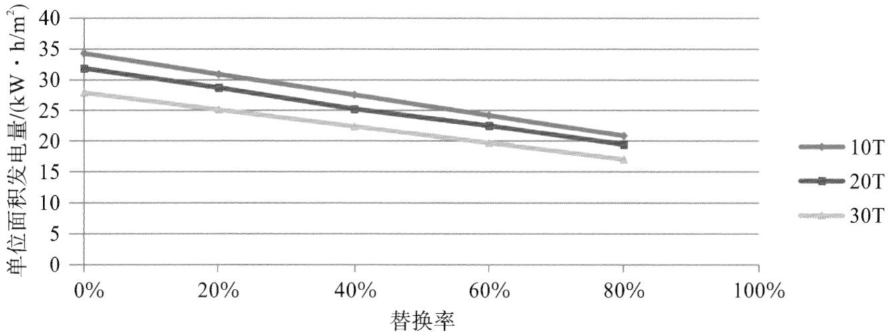

图 6-16　东南向不同替换率单位面积发电量

（图片来源：作者自绘）

17.00 kW·h/m²，相比南向分别提升了 4.41%、4.45% 和 4.55%，整体发电量高于南向。

（五）综合能耗

由图 6-17 可知，当幕墙朝向为东南向时，室内综合能耗随传统玻璃替换率的增加呈线性增长，整体综合能耗相比南向有所提升。当替换率为 0% 时，不同透光率光伏玻璃室内综合能耗相比于南向分别增加了 3.78%、4.25% 和 4.62%；当替换率为 80% 时，综合能耗分别增加了 5.00%、4.96% 和 5.00%。

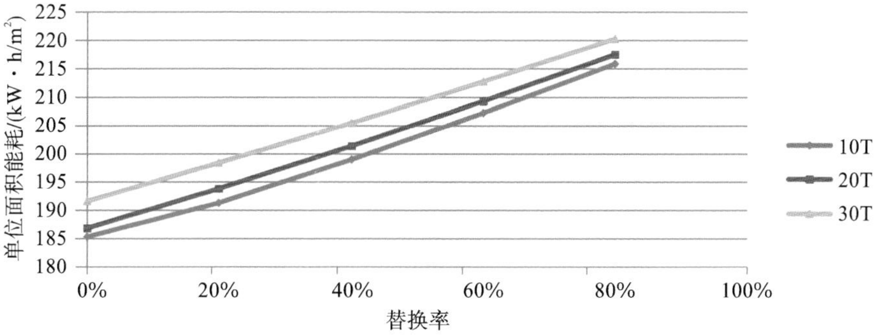

图 6-17　东南向不同替换率单位面积综合能耗

（图片来源：作者自绘）

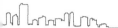

四、西向办公空间应用半透明光伏幕墙能耗分析

(一)照明能耗

根据图 6-18 可知,当光伏幕墙朝向为西向时,室内照明能耗在替换率为0%时最高,分别为 26.19 kW·h/m²、24.27 kW·h/m² 和23.27 kW·h/m²,相比南向分别增加了 10.41%、8.59%和 6.35%;当替换率达 80%时,单位面积的照明能耗分别为 21.94 kW·h/m²、21.90 kW·h/m² 和 21.87 kW·h/m²,相比南向分别增加了 2.96%、2.82%和 2.72%。

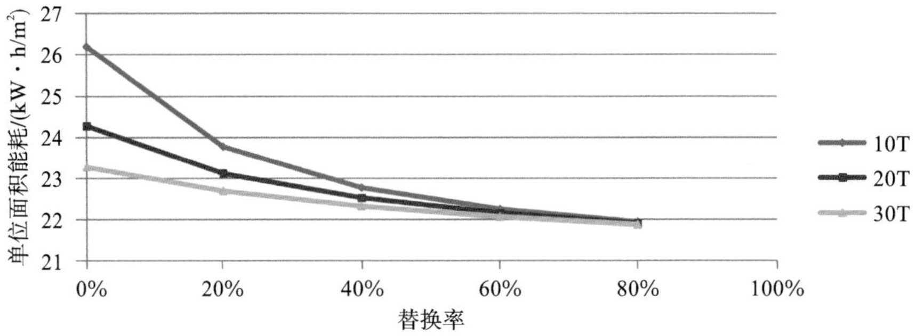

图 6-18　西向不同替换率单位面积照明能耗

(图片来源:作者自绘)

(二)采暖能耗

由图 6-19 可知,当光伏幕墙朝向为西向时,室内采暖能耗在替换率为0% 时最高,分别为 60.75 kW·h/m²、60.00 kW·h/m² 和59.07 kW·h/m²,相比南向分别增加了11.14%、12.17%和 13.07%;当替换率达 80%时,单位面积的采暖能耗达到最低,分别为 51.92 kW·h/m²、51.77 kW·h/m² 和 51.61 kW·h/m²,相比南向分别增加了 17.79%、17.87%和 17.99%,西向整体采暖能耗高于南向。

(三)制冷能耗

由图 6-20 可知,当光伏幕墙朝向为西向时,室内制冷能耗在替换率为0%时最低,分别为 157.45 kW·h/m²、158.74 kW·h/m² 和 161.27

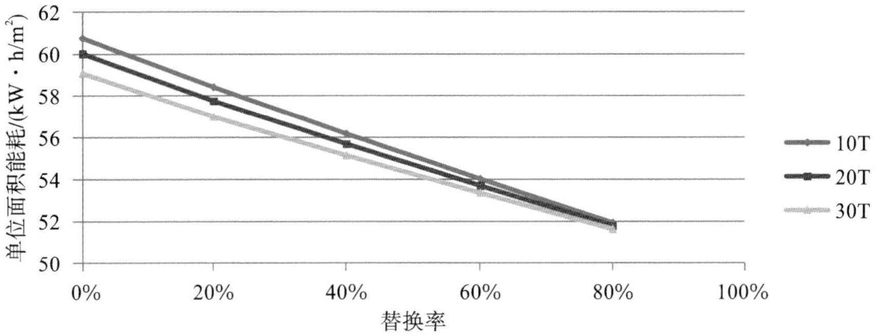

图 6-19 西向不同替换率单位面积采暖能耗

（图片来源：作者自绘）

kW·h/m²，相比南向分别增加了 18.44%、18.66%和 18.86%；当替换率达 80%时，单位面积的制冷能耗达到最高，分别为 191.39 kW·h/m²、191.87 kW·h/m²和 192.47 kW·h/m²，相比南向分别增加了 19.48%、19.52%和 19.53%，西向整体制冷能耗高于南向。

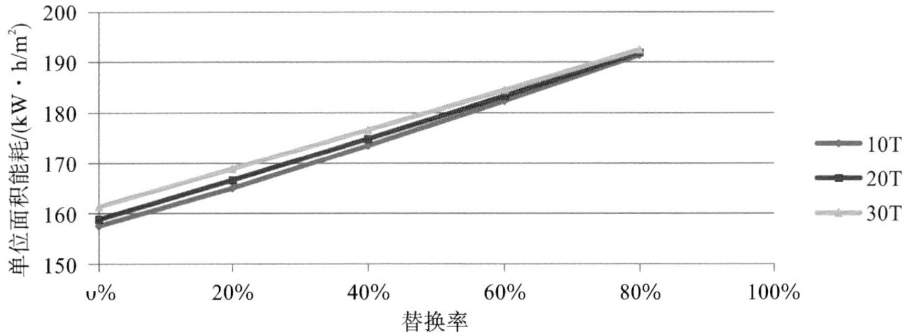

图 6-20 西向不同替换率单位面积制冷能耗

（图片来源：作者自绘）

（四）发电量

由图 6-21 可知，当光伏幕墙朝向为西向时，发电量在替换率为 0%时最高，分别为 32.28 kW·h/m²、29.97 kW·h/m² 和 26.28 kW·h/m²，相比南向分别降低了 1.47%、1.51%和 1.46%；当替换率达 80%时，发电量最

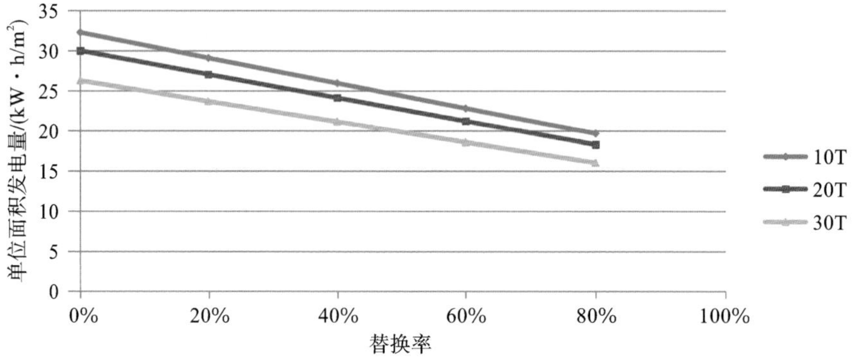

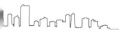

图 6-21 西向不同替换率单位面积发电量

（图片来源：作者自绘）

低，分别为 19.66 kW·h/m²、18.26 kW·h/m² 和 16.02 kW·h/m²，相比南向分别降低了 1.55%、1.51%和 1.48%，西向整体发电量低于南向。

（五）综合能耗

由图 6-22 可知，当光伏幕墙朝向为西向时，室内综合能耗在替换率为 0%时，相比于南向分别增加了 18.79%、17.88%和 18.67%；当替换率达 80%时，综合能耗分别增加了 19.45%、18.80%和 19.14%。

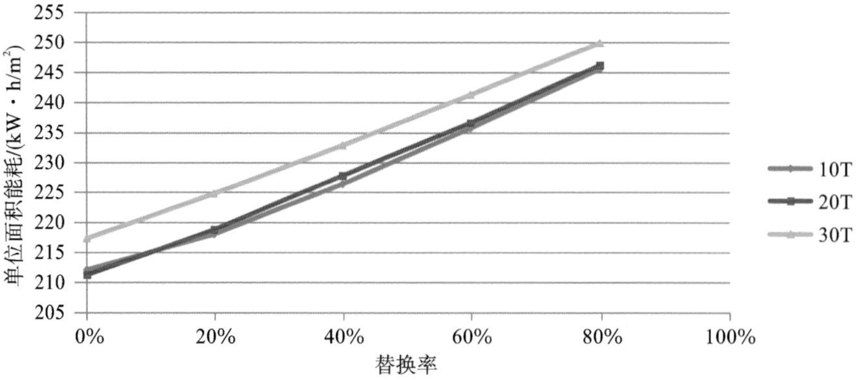

图 6-22 西向不同替换率单位面积综合能耗

（图片来源：作者自绘）

五、东向办公空间应用半透明光伏幕墙能耗分析

(一)照明能耗

根据图 6-23 可知,当光伏幕墙朝向为东向时,室内照明能耗在替换率为 0%时最高,分别为 26.17 kW·h/m²、23.89 kW·h/m² 和22.83 kW·h/m²,相比南向分别增加了 10.33%、6.89%和 4.34%;当替换率达 80%时,单位面积的照明能耗分别为 21.72 kW·h/m²、21.69 kW·h/m²和 21.67 kW·h/m²,相比南向分别增加了 1.92%、1.83%和 1.78%。

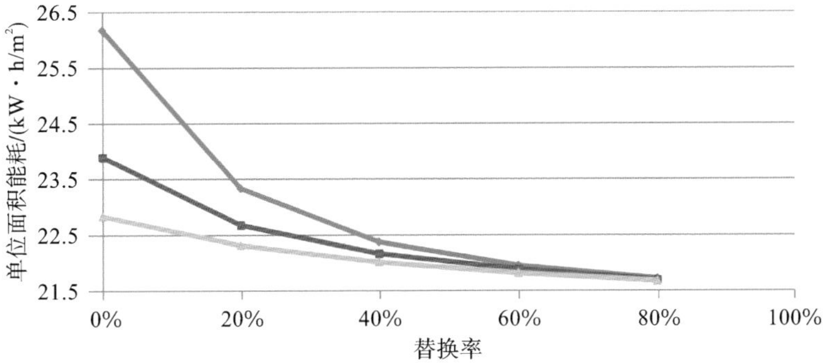

图 6-23　东向不同替换率单位面积照明能耗

(图片来源:作者自绘)

(二)采暖能耗

从图 6-24 可知,当光伏幕墙朝向为东向时,室内采暖能耗在替换率为 0%时最高,分别为 64.43 kW·h/m²、63.83 kW·h/m² 和63.19 kW·h/m²,相比南向分别增加了17.87%、19.33%和 20.96%;当替换率达 80%时,单位面积的采暖能耗达到最低,分别为 57.76 kW·h/m²、57.64 kW·h/m² 和 57.51 kW·h/m²,相比南向分别增加了 31.03%、31.24%和 31.48%。

(三)制冷能耗

根据图 6-25 可知,当光伏幕墙朝向为东向时,室内制冷能耗在替换率为 0%时最低,分别为 136.63 kW·h/m²、137.32 kW·h/m² 和 139.23 kW·h/m²,相比南向分别增加了 2.78%、2.65%和 2.62%;当替换率达 80%时,单位面

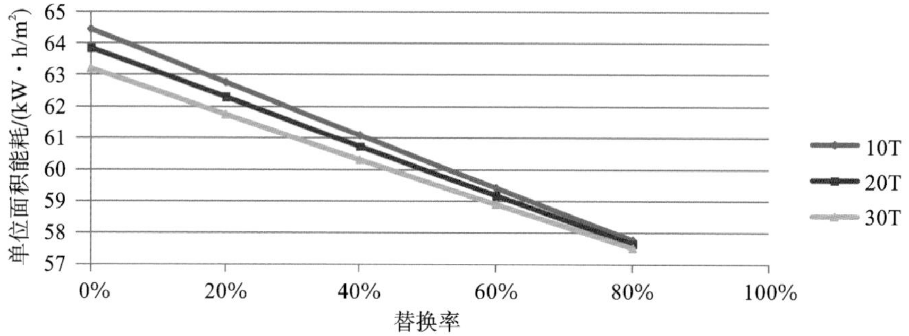

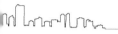

图 6-24　东向不同替换率单位面积采暖能耗

（图片来源：作者自绘）

积的制冷能耗达到最高，分别为 162.64 kW·h/m^2、163.02 kW·h/m^2 和 163.47 kW·h/m^2，相比南向分别增加了 1.54%、1.54%和 1.52%。

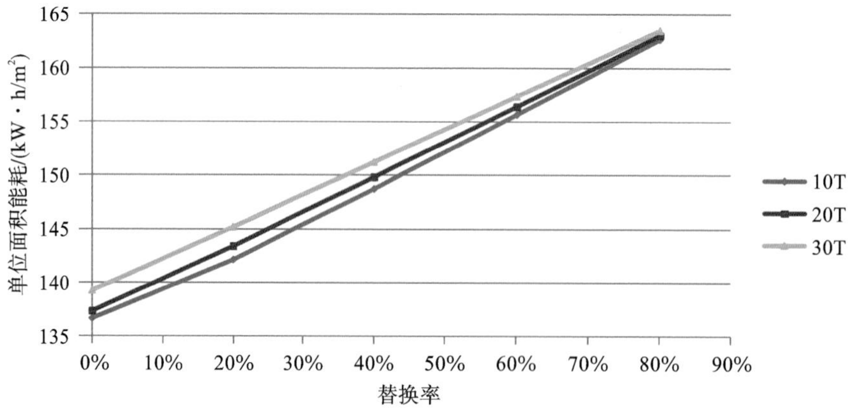

图 6-25　东向不同替换率单位面积制冷能耗

（图片来源：作者自绘）

(四)发电量

根据图 6-26 可知，当光伏幕墙朝向为东向时，发电量在替换率为 0%时最高，分别为 32.04 kW·h/m^2、29.76 kW·h/m^2 和 26.09 kW·h/m^2，相比南向分别降低了 2.20%、2.20%和 2.17%；当替换率达 80%时，发电量最低，分别为 19.52 kW·h/m^2、18.14 kW·h/m^2 和 15.90 kW·h/m^2，相比

南向分别降低了 2.25%、2.16%和 2.21%。

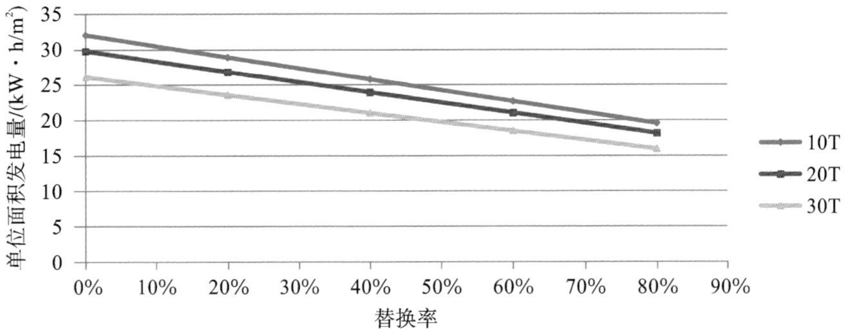

图 6-26　东向不同替换率单位面积发电量

（图片来源：作者自绘）

(五)综合能耗

由图 6-27 可知，相比于光伏幕墙朝向为南向的情况，东向室内综合能耗在替换率为 0%时，不同透光率光伏玻璃室内综合能耗分别增加了 9.31%、8.97%和8.74%；当替换率达 80%时，综合能耗分别增加了 8.26%、8.20%和 8.08%。

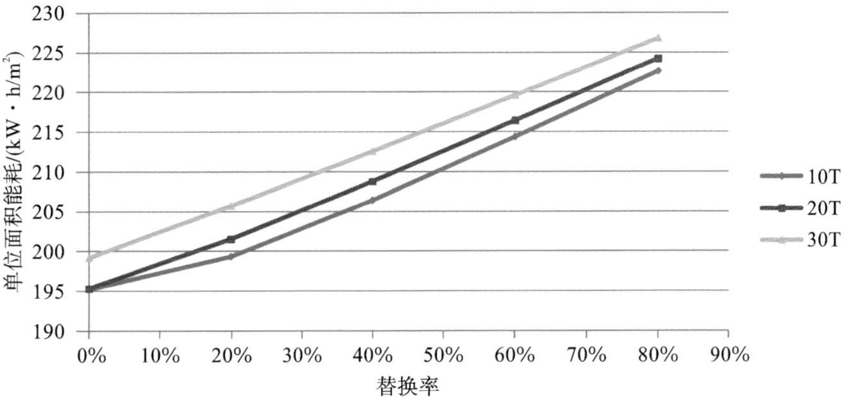

图 6-27　东向不同替换率单位面积综合能耗

（图片来源：作者自绘）

通过 EnergyPlus 能耗模拟软件分别探讨不同朝向三种透光率薄膜光伏玻璃采用纵向居中组合形式以不同替换率进行组合应用时室内能耗变化趋势，分析得出以下结论。

（1）不同替换率情况下，三种透光率光伏玻璃室内能耗变化趋势相同。随着替换率的增加，室内照明能耗降低、采暖能耗降低、制冷能耗增加、发电量降低，其综合能耗呈线性增长趋势。

（2）在不同朝向情况下，照明能耗南向最低，其次为东南向，西向照明能耗最高；采暖能耗南向最低，东向最高；制冷能耗南向最低，西向最高；发电量西南向最高，东向最低；综合能耗西向最高，南向最低。

综上可知，仅考虑建筑节能，不考虑室内光环境的情况下，应用半透明薄膜光伏玻璃时，可优先选择低替换率应用方案；在朝向选择上，可优先选择南向方案。

第三节　半透明薄膜光伏玻璃与传统中空玻璃能耗对比

由上一节对三种透光率光伏玻璃在不同替换率情况下室内能耗的变化规律研究可知，替换率越高，室内综合能耗越高。因此，在满足光环境要求下，应优先采用低替换率应用方案。

根据上一章所得结论，采用纵向居中替换形式下满足光环境可接受状态（DA＜75％）和光环境理想状态（DA≥75％）下所对应的中空玻璃替换率临界值，并综合考虑现有光伏玻璃尺寸模数要求，最终确定在纵向中心替换形式下三种光伏玻璃的优化应用方案，以此为依据与应用中空玻璃的室内空间能耗进行对比，其结果如下文所示。

一、光环境可接受条件下的能耗对比

（一）照明能耗

根据图 6-28 可知，由于不同透光率的光伏玻璃导致室内自然采光减少，在各朝向室内光环境可接受的情况下，室内照明能耗整体高于应用中空玻璃工况。相比于应用中空玻璃工况，10T 光伏玻璃在各朝向照明能耗分别增加了 8.48%、4.10%、3.91%、8.94%和 10.07%，20T 光伏玻璃在各朝向上分别增加了 6.72%、3.72%、3.58%、8.20%和 8.28%，30T 光伏玻璃在各朝向上分别增加了 5.79%、3.11%、2.96%、6.31%和 7.04%。分析数据可知，应用光伏玻璃情况下，西向照明能耗增幅最大，西南向次之，其次为东向和东南向，南向照明能耗增幅最小。

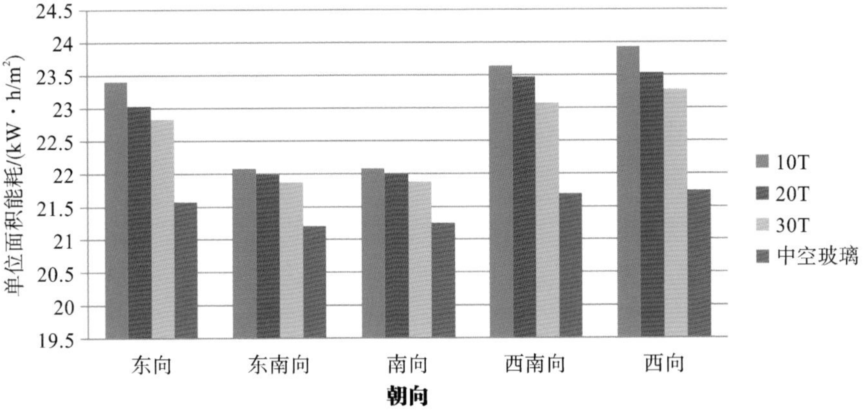

图 6-28　采光可接受状态下单位面积照明能耗对比

（图片来源：作者自绘）

对各朝向照明能耗比较分析可知，南向与东南向照明能耗最低，其次为东向和西南向，西向照明能耗最高。从不同透光率光伏玻璃能耗比较分析可知，10T 光伏玻璃照明能耗最高，20T 光伏玻璃照明能耗次之，30T 光伏玻璃照明能耗最低。

综上可知，从照明能耗方面考虑，在朝向上应优先选择南向或者东南向，光伏产品上应优先选择高透光率产品。

（二）采暖能耗

冬季工况下，光伏玻璃的应用会阻挡部分太阳辐射进入室内，因此室内得热量减小，采暖能耗增加。在达到室内光环境可接受的情况下，应用光伏玻璃的室内采暖能耗整体高于应用中空玻璃的工况。由图 6-29 可知，相比

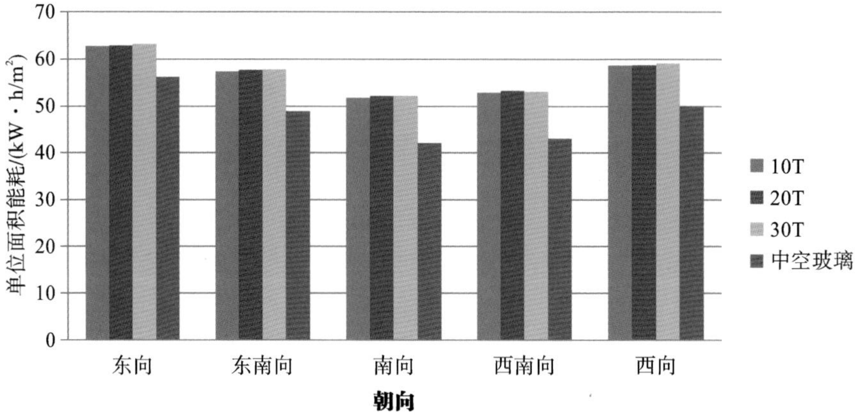

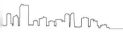

图 6-29　采光可接受状态下单位面积采暖能耗对比

(图片来源:作者自绘)

于中空玻璃室内采暖能耗,10T 光伏玻璃在各朝向上采暖能耗分别增加了 11.72%、17.44%、23.23%、22.64%和 17.16%,20T 光伏玻璃在各朝向上分别增加了 11.90%、18.09%、24.08%、23.82%和 17.32%,30T 光伏玻璃在各朝向上分别增加了 12.36%、18.20%、24.20%、23.17%和 18.00%。分析数据可知,应用光伏玻璃情况下,南向采暖能耗增幅最大,西南向次之,其次为东南向和西向,东向采暖能耗增幅最小。

以朝向因素分析,南向整体采暖能耗最低,其次为西南向、东南向和西向,东向采暖能耗最高;从不同透光率光伏产品分析,30T 光伏玻璃采暖能耗最高,20T 光伏玻璃采暖能耗次之,10T 光伏玻璃采暖能耗最低。这是由于在达到同等采光条件前提下,高透光率光伏产品所需替换的面积最小,光伏覆盖率相比于低透光率光伏产品更高,对室内太阳辐射遮挡效果更明显,采暖能耗由此增加。

(三)制冷能耗

夏季工况下,光伏玻璃的应用会阻挡过多太阳辐射进入室内,因此室内冷负荷减小,制冷能耗降低。在达到室内光环境可接受的情况下,应用光伏玻璃的室内制冷能耗整体低于应用中空玻璃的工况。由图 6-30 可知,10T 光伏玻璃在各朝向上制冷能耗分别降低了 16.24%、17.12%、17.27%、

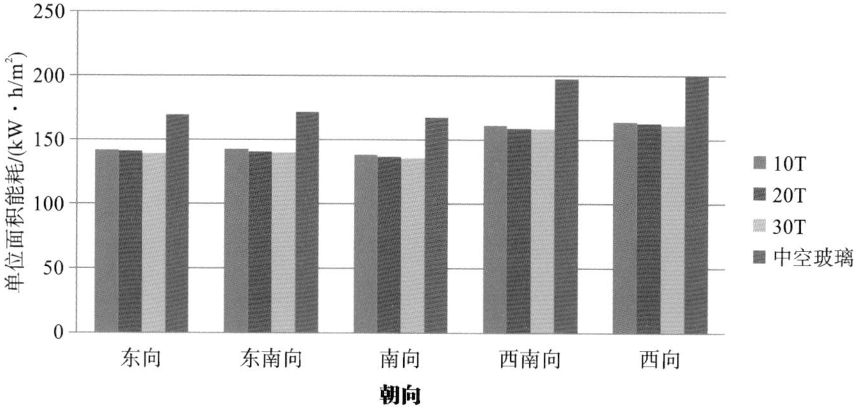

图 6-30　采光可接受状态下单位面积制冷能耗对比

（图片来源：作者自绘）

18.31%和18.03%，20T光伏玻璃在各朝向上分别降低了16.82%、18.14%、18.36%、19.70%和18.65%，30T光伏玻璃在各朝向上分别降低了17.77%、18.65%、18.95%、19.88%和19.43%。分析数据可知，应用光伏玻璃情况下，西南向制冷能耗降幅最大，西向次之，其次为南向和东南向，东向制冷能耗降幅最小。

从朝向因素分析，南向制冷能耗最低，东南向、东向和西南向次之，西向制冷能耗最高；从不同透光率光伏产品分析，10T光伏玻璃制冷能耗最高，20T光伏玻璃制冷能耗次之，30T光伏玻璃制冷能耗最低。这是由于在达到同等采光条件下，低透光率光伏玻璃所需替换的面积更多，光伏覆盖率随之减小，对太阳辐射的阻挡作用降低，制冷能耗随之升高。

（四）发电量

根据图6-31可知，10T光伏玻璃在各朝向上单位面积发电量分别为28.45 kW·h/m^2、30.39 kW·h/m^2、29.08 kW·h/m^2、30.74 kwh/m^2 和28.85 kW·h/m^2，20T光伏玻璃单位面积发电量分别为27.47 kW·h/m^2、29.65 kW·h/m^2、28.41 kW·h/m^2、30.18 kW·h/m^2 和27.87 kW·h/m^2，30T光伏玻璃单位面积发电量分别为25.58 kW·h/m^2、27.33 kW·h/m^2、26.14 kW·h/m^2、27.47 kW·h/m^2 和25.77 kW·h/m^2。

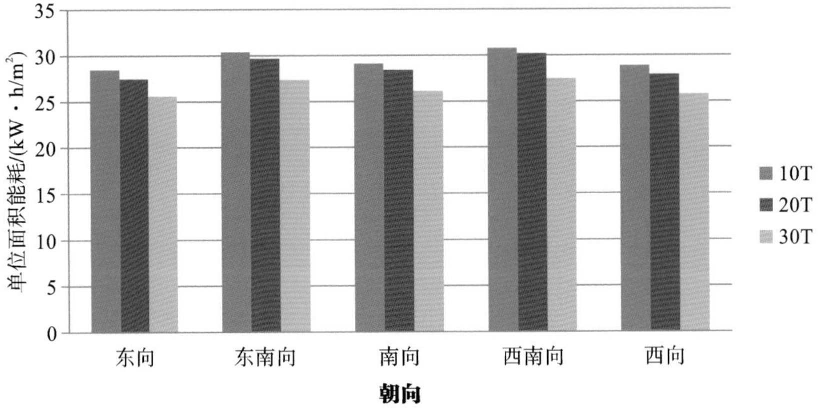

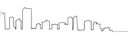

图 6-31　采光可接受状态下单位面积发电量对比

（图片来源：作者自绘）

相比于全覆盖应用工况，10T 光伏玻璃单位面积发电量分别减少了 9.44%、9.46%、9.45%、8.86%和 8.85%，20T 光伏玻璃单位面积发电量分别减少了 5.84%、4.87%、4.77%、3.65%和 5.16%，30T 光伏玻璃由于在各朝向上无须替换就可满足采光可接受状态，因此发电量无变化。

（五）综合能耗

通过图 6-32 和 6-33 可知，不同朝向上，不同光伏玻璃的应用均可对室内能耗产生增益作用。南向综合能耗最低，其次为东南向、东向和西南向，西向综合能耗最高。10T 光伏玻璃优化应用方案节能率范围为19.23%～21.05%，20T 光伏玻璃优化应用方案节能率范围为 19.35%～21.75%，30T 光伏玻璃优化应用方案节能率范围为 19.21%～21.12%。

二、基于理想光环境下的能耗对比

（一）照明能耗

从图 6-34 可知，与采光可接受情况下能耗变化趋势相似，在室内采光达到理想状态时，相比于中空玻璃室内照明能耗，10T 光伏玻璃照明能耗在各朝向上分别增加了 2.55%、1.32%、1.41%、3.27%和 3.96%，20T 光伏玻璃分别增加了 2.36%、1.18%、1.17%、3.18%和 3.73%，30T 光伏玻璃分别增

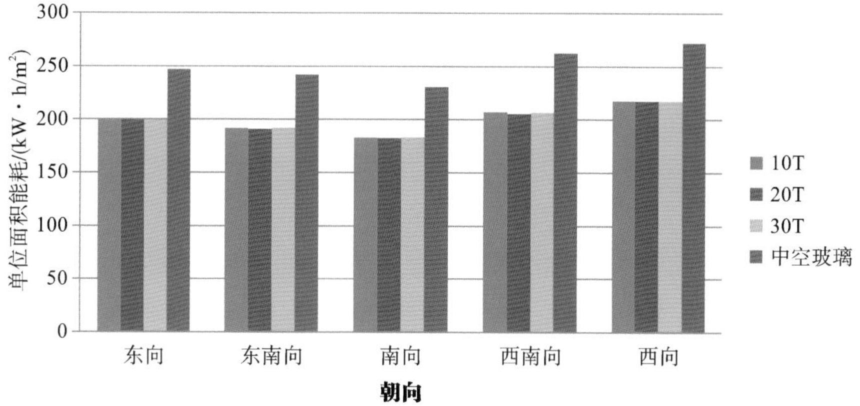

图 6-32　采光可接受状态下单位面积综合能耗对比

(图片来源:作者自绘)

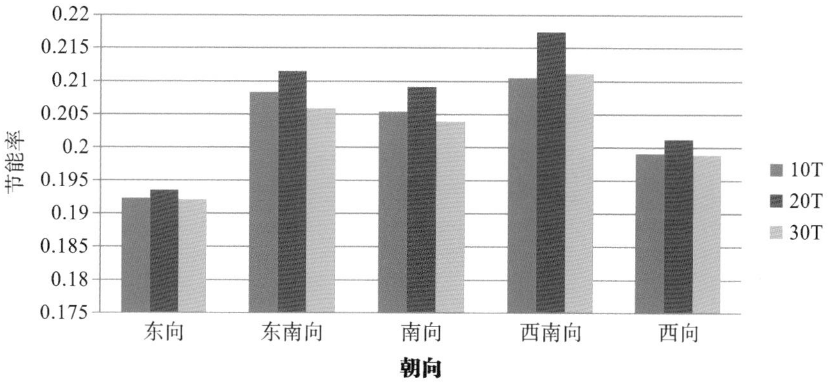

图 6-33　采光可接受状态下节能率对比

(图片来源:作者自绘)

加了 2.22%、1.13%、1.04%、3.09%和 3.36%。分析数据可知,应用光伏玻璃情况下,西向照明能耗增幅最大,西南向次之,其次为东向和东南向,南向照明能耗增幅最小。

对各朝向照明能耗比较分析可知,南向与东南向照明能耗最低,其次为东向和西南向,西向照明能耗最高。从不同光伏玻璃能耗比较分析可知,10T 光伏玻璃照明能耗最高,20T 光伏玻璃照明能耗次之,30T 光伏玻璃照明能耗最低。

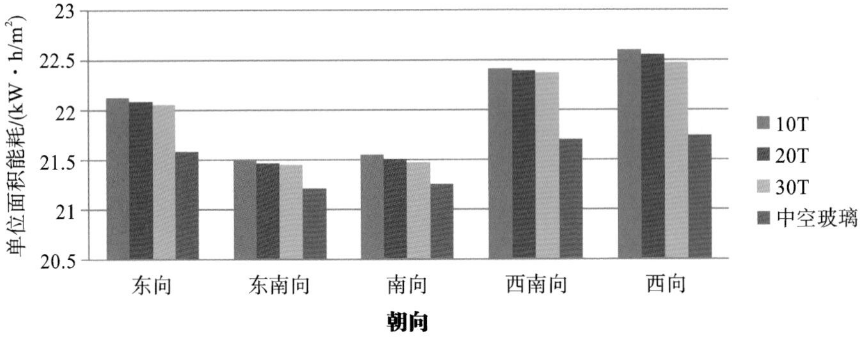

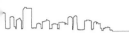

图 6-34　采光理想状态下单位面积照明能耗对比

（图片来源：作者自绘）

(二)采暖能耗

在达到室内光环境理想的情况下，应用光伏玻璃的室内采暖能耗整体高于应用中空玻璃的工况，但相比于采光可接受状态，整体能耗有所下降。从图 6-35 可知，相比于中空玻璃室内采暖能耗，10T 光伏玻璃在各朝向上采暖能耗分别增加了 7.11%、10.49%、13.96%、13.30%和 11.07%，20T 光伏玻璃在各朝向上分别增加了 7.40%、10.61%、15.41%、14.70%和 12.58%，30T 光伏玻璃在各朝向上分别增加了 7.77%、11.14%、16.43%、16.44%和 11.79%。分析数据可知，应用光伏玻璃情况下，南向采暖能耗增幅最大，西南向次之，其次为东南向和西向，东向采暖能耗增幅最小。

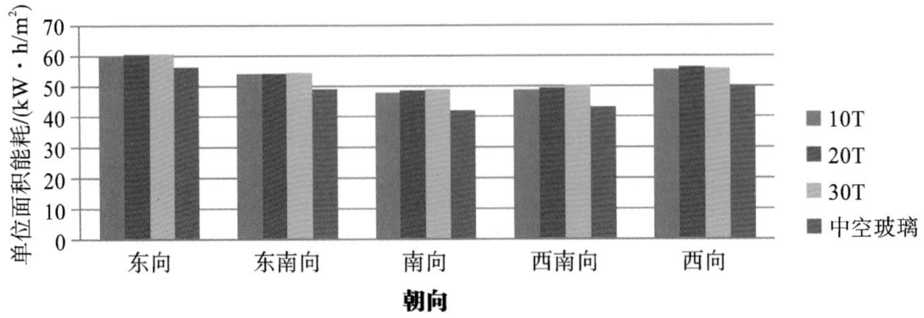

图 6-35　采光理想状态下单位面积采暖能耗对比

（图片来源：作者自绘）

从朝向因素分析，南向整体采暖能耗最低，其次为西南向、东南向和西向，东向采暖能耗最高；从不同透光率光伏产品分析，30T 光伏玻璃采暖能耗最高，20T 光伏玻璃采暖能耗次之，10T 光伏玻璃采暖能耗最低。

（三）制冷能耗

从图 6-36 可知，在达到室内光环境理想的情况下，应用光伏玻璃的室内制冷能耗整体低于应用中空玻璃的工况，但相比于采光可接受状态，整体能耗有所提升。相比应用中空玻璃室内能耗，10T 光伏玻璃在各朝向上制冷能耗分别降低了 10.14%、10.93%、11.43%、11.98%和 12.21%，20T 光伏玻璃在各朝向上分别降低了 10.74%、11.33%、12.82%、13.44%和 14.06%，30T 光伏玻璃在各朝向上分别降低了 11.46%、12.09%、13.83%、15.13%和 13.55%。

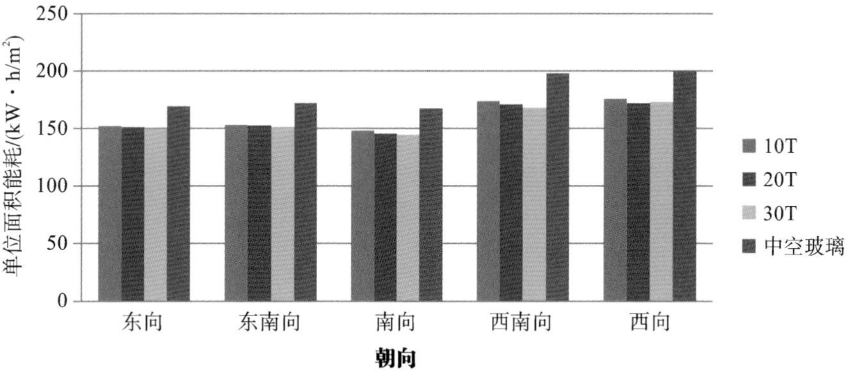

图 6-36　采光理想状态下单位面积制冷能耗对比

（图片来源：作者自绘）

从朝向因素分析，南向制冷能耗最低，东南向、东向和西南向次之，西向制冷能耗最高；从不同透光率光伏产品分析，10T 光伏玻璃制冷能耗最高，20T 光伏玻璃制冷能耗次之，30T 光伏玻璃制冷能耗最低。这是由于在达到同等采光条件下，低透光率光伏玻璃所需替换的面积更多，光伏覆盖率随之减小，对太阳辐射的阻挡作用降低，制冷能耗随之升高。

（四）发电量

从图 6-37 可知，在满足采光理想状态下，10T 光伏玻璃单位面积发电量分别为 23.76 kW·h/m²、25.58 kW·h/m²、24.63 kW·h/m²、25.91 kW·h/m²和 24.60 kW·h/m²，20T 光伏玻璃单位面积发电量分别为 22.85 kW·h/m²、24.42 kW·h/m²、24.28 kW·h/m²、25.49 kW·h/m²和 24.56 kW·h/m²，30T 光伏玻璃单位面积发电量分别为 21.15 kW·h/m²、22.57 kW·h/m²、22.48 kW·h/m²、24.11 kW·h/m²和21.85 kW·h/m²。

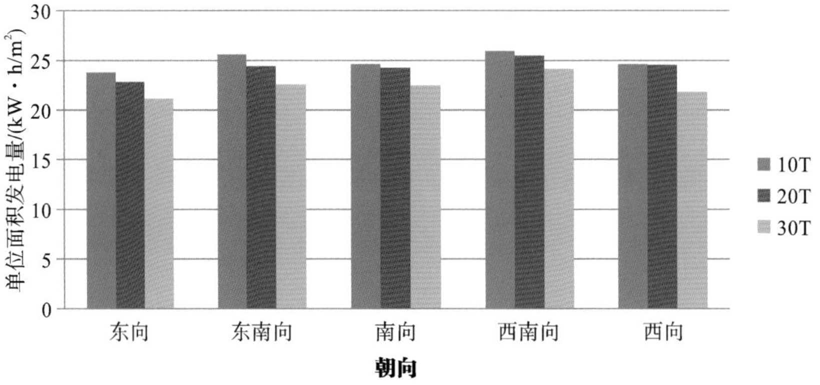

图 6-37　采光理想状态下单位面积发电量对比

（图片来源：作者自绘）

相比于不考虑室内光环境的全覆盖应用工况，10T 光伏玻璃单位面积发电量分别减少了 24.37%、23.78%、23.33%、23.18%和 22.27%，20T 光伏玻璃单位面积发电量分别减少了 21.68%、21.65%、18.62%、18.63%和16.44%，30T 光伏玻璃单位面积发电量分别减少了 17.34%、17.42%、14.02%、12.23%和 15.22%，整体发电量低于光环境可接受工况。

（五）综合能耗

通过图 6-38 和图 6-39 可知，不同朝向上，应用不同光伏玻璃的室内能耗值均低于应用中空玻璃工况。以南向综合能耗最低，其次为东南向、东向和西南向，西向综合能耗最高。10T 光伏玻璃优化应用方案节能率范围为14.72%～16.45%，20T 光伏玻璃优化应用方案节能率范围为 14.30%～16.06%，30T 光伏玻璃优化应用方案节能率范围为 14.45%～17.63%。

本节探讨了三种透光率光伏玻璃在各个朝向采用纵向居中替换形式应

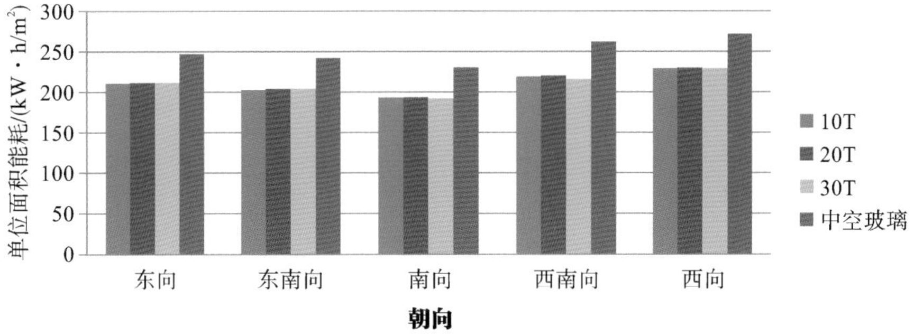

图 6-38　采光理想状态下单位面积综合能耗对比

（图片来源：作者自绘）

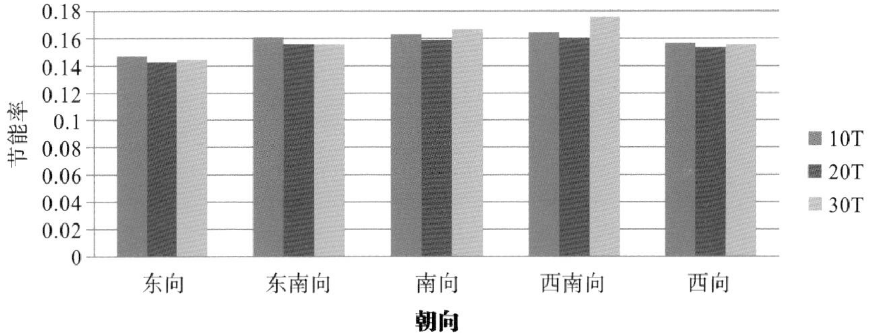

图 6-39　采光理想状态下节能率对比

（图片来源：作者自绘）

用时，满足采光可接受状态与采光理想状态下室内能耗与应用传统中空玻璃的室内能耗对比，主要得出如下结论。

（1）对比分析了两种光环境状态下朝向因素对室内能耗的影响。通过数据可知，应用薄膜光伏玻璃的室内照明能耗均高于应用中空玻璃工况，其中，南向照明能耗最低，东南向、东向和西南向照明能耗次之，西向照明能耗最高；室内采暖能耗均高于应用中空玻璃工况，其中，南向采暖能耗最低，西南向采暖能耗次之，其次为东南向和西向，东向采暖能耗最高；室内制冷能耗整体低于应用中空玻璃的工况，其中，南向制冷能耗最低，东南向、东向和西南向制冷能耗次之，西向制冷能耗最高；发电量西南向最高，东南向、南向和西向次之，东向最低；室内综合能耗均低于应用中空玻璃工况，南向最低，东南向、西南向和东向次之，西向最高。

(2)分别比较在满足室内光环境可接受状态和理想状态下三种光伏产品对室内能耗的影响。数据表明，在照明能耗方面，10T 光伏玻璃最高，20T 光伏玻璃次之，30T 光伏玻璃最低；在采暖能耗方面，10T 光伏玻璃最低，20T 光伏玻璃次之，30T 光伏玻璃最高；在制冷能耗方面，10T 光伏玻璃最高，20T 光伏玻璃次之，30T 光伏玻璃最低；在发电量方面，10T 光伏玻璃最高，20T 光伏玻璃次之，30T 光伏玻璃最低；综合能耗方面，光环境可接受状态下三种透光率光伏玻璃节能率范围分别为 19.23%～21.05%、19.35%～21.75%和 19.21%～21.12%；光环境理想状态下三种透光率光伏玻璃在各朝向的节能率范围分别为 14.72%～16.45%、14.30%～16.06%和 14.45%～17.63%。

参考文献

[1] 肖潇,李德英.太阳能光伏建筑一体化应用现状及发展趋势[J].节能,2010 (02):12-18+2.

[2] 王兆宇,艾芊.太阳能光伏建筑一体化技术的应用分析[J].华东电力,2011,39(03):477-481.

[3] 孙颖.太阳能光伏建筑一体化及其应用研究[C]//安徽省科学技术协会,安徽省经济和信息化委员会,中国科学院合肥物质科学研究院.安徽新能源技术创新与产业发展博士科技论坛论文集.2010:4.

[4] 夏斐.国际光伏建筑一体化的最新应用[J].电力需求侧管理,2010(05):75-78.

[5] PENG C Y, HUANG Y, WU Z S. Building-integrated photovoltaics (BIPV) in architectural design in China[J]. Energy & Buildings, 2011,43(12): 3592-3598.

[6] CHOW T T, LI C, LIN Z. Innovative solar windows for cooling-demand climate[J]. Solar Energy Materials and Solar Cells,2010,94(2):212-220.

[7] NG P K, MITHRARATNE N, KUA H W. Energy analysis of semi-transparent BIPV in Singapore buildings[J]. Energy and Buildings, 2013,66: 274-281.

[8] DIDONE E L, WAGNER A, Semi-transparent PV windows: a study for office buildings in Brazil[J]. Energy and Buildings,2013,67: 136-142.

[9] CHAE Y T, KIM J, PARK H, et al. Building energy performance evaluation of building integrated photovoltaic (BIPV) window with semi-transparent solar cells[J]. Applied Energy, 2014, 129(15):

217-227.
[10] OLIVIERI L, CAAMANO-MARTIN E, MORALEJO-VAZQUEZ F J, et al. Energy saving potential of semi-transparent photovoltaic elements for building integration[J]. Energy, 2014, 76: 572-583.
[11] OLIVIERI L, CAAMANO-MARTIN E, OLIVIERI F, et al. Integral energy performance characterization of semi-transparent photovoltaic elements for building integration under real operation conditions[J]. Energy and Buildings, 2014, 68: 280-291.
[12] KAPSIS K, ATHIENITIS A K. A study of the potential benefits of semi-transparent photovoltaics in commercial buildings[J]. Solar Energy, 2015, 115: 120-132.
[13] CANNAVALE A, HORANTNER M, EPERON G E, et al., Building integration of semitransparent perovskite-based solar cells: energy performance and visual comfort assessment[J]. Applied Energy, 2017, 194(15): 94-107.
[14] CANNAVALE A, LERARDI L, HORANTNER M, et al. Improving energy and visual performance in offices using building integrated perovskite-based solar cells: a case study in Southern Italy[J]. Applied Energy, 2017, 205(1): 834.
[15] KAPSIS K, DERMARDIROS V, ATHIENITIS A K. Daylight performance of perimeter office façades utilizing semi-transparent photovoltaic windows: a simulation study[J]. Energy Procedia, 2015, 78: 334-339.
[16] LYNN N, MOHANTY L, WITTKOPF S. Color rendering properties of semi-transparent thin-film PV modules[J]. Building and Environment, 2012, 54: 148-158.
[17] MYONG S Y, JEON S W. Design of esthetic color for thin-film silicon semi-transparent photovoltaic modules[J]. Solar Energy Materials and Solar Cells, 2015, 143: 442-449.

[18] MARTELLOTTA F, CANNAVALE A, AYR U. Comparing energy performance of different semi-transparent, building-integrated photovoltaic cells applied to "reference" buildings[J]. Energy Procedia, 2017, 126: 219-226.

[19] ASTE N, TAGLIABUE L C, PALLADINO P, et al. Integration of a luminescent solar concentrator: effects on daylight, correlated color temperature, illuminance level and color rendering index[J]. Solar Energy, 2015, 114: 174-182.

[20] ASTE N, BUZZETTI M, PERO C D, et al. Visual performance of yellow, orange and red LSCs integrated in a Smart Window[J]. Energy Procedia, 2017, 105: 967-972.

[21] LIAO W, Xu S, LUND H, et al. Energy performance comparison among see-through amorphous-silicon PV (photovoltaic) glazings and traditional glazings under different architectural conditions in China[J]. Energy, 2015, 83: 267-275.

[22] LÓPEZ C, SANGIORGI M. Comparison assessment of BIPV façade semi-transparent modules: further insights on human comfort conditions[J]. Energy Procedia, 2014, 48: 1419-1428.

[23] KNERA D, SZCZEPANSKA-ROSIA E, HEIM D. Potential of PV façade for supplementary lighting in winter[J]. Energy Procedia, 2015, 78: 2651-2656.

[24] Li D H, LAN T N, CHAN W W, et al. Energy and cost analysis of semi-transparent photovoltaic in office buildings[J]. Applied Energy, 2009, 86(5): 722-729.

[25] LU L, LAW K M. Overall energy performance of semi-transparent single-glazed photovoltaic (PV) window for a typical office in Hong Kong[J]. Renewable Energy, 2013, 49: 250-254.

[26] CHOW T T, Qiu Z, Li C. Potential application of "see-through" solar cells in ventilated glazing in Hong Kong[J]. Solar Energy

Materials and Solar Cells,2009,93(2):230-238.

[27] SORGATO M J, SCHNEIDER K, RUTHER R. Technical and economic evaluation of thin-film CdTe building-integrated photovoltaics (BIPV) replacing façade and rooftop materials in office buildings in a warm and sunny climate[J]. Renewable Energy, 2018,118:84-98.

[28] PENG J,LU L,YANG H,et al. Validation of the Sandia model with indoor and outdoor measurements for semi-transparent amorphous silicon PV modules[J]. Renewable Energy,2015,80:316-323.

[29] BAHAJ A,JAMES P,JENTSCH M F. Potential of emerging glazing technologies for highly glazed buildings in hot arid climates[J]. Energy and Buildings,2008,40(5):720-731.

[30] SONG J H, AN Y S, KIM S G, et al. Power output analysis of transparent thin-film module in building integrated photovoltaic system (BIPV) [J]. Energy and Buildings, 2008, 40 (11): 2067-2075.

[31] 黄启明. 寒冷地区双层光伏通风窗热光性能研究[D]. 成都:西南交通大学,2014.

[32] 李卓. 天津地区高层办公建筑应用光伏玻璃的天然采光与能耗研究[D]. 天津:天津大学,2014.

[33] 陈红兵. 办公建筑的天然采光与能耗分析[D]. 天津:天津大学,2004.

[34] 赵腾飞. 办公空间双玻复合半透明 PV(光伏发电)通风窗热工及采光性能研究[D]. 济南:山东建筑大学,2013.

[35] 李志红,秦翠翠. 基于正交试验对建筑采光影响因素的显著性分析[J]. 建筑技术,2015(11):1002-1005.

[36] 周颖,金凤云,杨华,等. 双层玻璃幕墙设计参数对室内光环境影响的模拟研究[J]. 河北工业大学学报,2015,44(06):52-57.

[37] 王静. 双层玻璃幕墙对办公建筑室内光环境及能耗影响研究[D]. 天

津:河北工业大学,2015.
[38] 何伟,季杰,王桂娟,等.百叶窗型透明蜂窝构件的热损系数和透过率的实验与理论研究[J].太阳能学报,2003,24(03):290-294.
[39] 廖维.半透明单晶硅光伏玻璃在建筑中应用的综合能耗研究[D].武汉:华中科技大学,2015.
[40] 穆艳娟.基于光舒适的办公建筑光环境优化节能模型研究[D].南京:东南大学,2015.
[41] 曹彬,朱颖心,欧阳沁,等.公共建筑室内环境质量与人体舒适性的关系研究[J].建筑科学,2010,26(10):126-130.
[42] 陈红兵,李德英,邵宗义,等.办公建筑的天然采光实验研究[J].建筑科学,2006(06):14-17+33.
[43] 吴子敬.全年动态建筑采光与能耗模拟方法研究[D].沈阳:沈阳建筑大学,2016.
[44] 查全芳.采光口的设计对办公建筑室内自然采光的影响研究[D].合肥:安徽建筑大学,2015.
[45] 倪蔚超.大学图书馆阅览空间天然光环境评价与设计研究[D].广州:华南理工大学,2016.
[46] 彭敦云,宋连科,朱久凯,等.太阳能薄膜电池的研究现状及发展前景[J].激光杂志,2013,34(04):2.
[47] 王启明,褚君浩,郑有炓.太阳电池发展现状及性能提升研究[M].北京:科学出版社,2014.
[48] 赵雨,李惠,关雷雷,等.钙钛矿太阳能电池技术发展历史与现状[J].材料导报,2015,29(11):17-21+29.
[49] 杜鹏,张军芳,李同楷,等.非晶硅锗薄膜电池研究进展及发展方向[J].真空,2015,52(01):17-21.
[50] 范文涛,朱刘.碲化镉薄膜太阳能电池的研究现状及进展[J].材料研究与应用,2017,11(01):6-8.
[51] 徐立珍,李彦,秦锋.薄膜太阳电池的研究进展及应用前景[J].可再生能源,2006(03):9-12.

[52] 于敏,王传岭.染料敏化太阳能电池研究进展[J].山东化工,2016(09):45-47.

[53] 赵雨,孙煜.非晶硅薄膜电池的历史、现状和发展中的主要问题[J].能源技术,2009,30(06):335-337.

[54] 李云飞,邬嘉.浅谈玻璃幕墙结构的分类、设计要点及发展方向[J].城市建设理论研究(电子版),2015(4):884-885.

[55] 夏阳.基于新型玻璃幕墙技术的多功能建筑表皮系统研究[D].长沙:湖南大学,2012.

[56] 王丽.玻璃幕墙的技术特征及其表现力研究[D].杭州:浙江大学,2013.

[57] 龙金英.规整体型高层办公建筑幕墙表皮变化研究[D].西安:西安建筑科技大学,2015.

[58] 初祎君.太阳能光伏建筑的立面设计研究[D].长沙:湖南大学,2009.

后　记

此书稿完成之际，最要真诚感谢易彩萍编辑的不懈坚持与耐心鼓励，因为有她，才有了今天的成稿。其实，早在20年前，基于建筑可持续发展愿景，我就对太阳能建筑研究有了浓厚的兴趣，于2007年参与了华中科技大学建筑与城市规划学院南四楼BIPV设计实践示范项目的申报和落地，只是由于多方面原因，个人对于BIPV的研究一度搁浅了良久。直至此书出版计划伊始，重拾往日研究手稿，才发现技术的发展突飞猛进，太阳能研究领域的变化已然是沧海变桑田。为此，在原有研究基础上，与余愿同学一起共同努力，深入厂家调研和实验，在获取一些非常难得的太阳能电池参数基础上，展开针对薄膜光伏幕墙外围护系统的窗墙比、开窗模式及采光和发电综合能效的基础研究，才得以对夏热冬冷地区光伏外围护结构体系综合效能研究画上一个阶段性的句号。

特别感谢许攀、王雨萌等同学为补充文献及整理表格所提供的帮助！